建筑专业消防常见问题分析100例

李秋宏　主编

中国建筑工业出版社

图书在版编目（CIP）数据

建筑专业消防常见问题分析100例/李秋宏主编．—北京：中国建筑工业出版社，2020.6（2022.4重印）
ISBN 978-7-112-24931-2

Ⅰ．①建…　Ⅱ．①李…　Ⅲ．①建筑物-消防-问题解答　Ⅳ．①TU998.1-44

中国版本图书馆CIP数据核字（2020）第037663号

本书以现行国家标准《建筑设计防火规范》GB 50016—2014（2018年版）为依据，直击建筑施工图设计中的疑难问题，按照案例描述—分析及解决—相关规范三个步骤逐步分析解决问题。本书内容从设计、审查、消防、专家评审等实践中总结而成，极具实用性，可供建筑设计人员参考使用。

责任编辑：王砾瑶　范业庶
责任校对：赵　菲

建筑专业消防常见问题分析100例
李秋宏　主编
*
中国建筑工业出版社出版、发行（北京海淀三里河路9号）
各地新华书店、建筑书店经销
霸州市顺浩图文科技发展有限公司制版
北京建筑工业印刷厂印刷
*
开本：787×1092毫米　横1/16　印张：7　字数：167千字
2020年6月第一版　2022年4月第五次印刷
定价：**30.00**元
ISBN 978-7-112-24931-2
（35677）

本书编委会

主　　编：李秋宏

主编单位：湖南省第六工程有限公司

参　　编：王扬诗　喻　强　陈云连　周　君

黄建平　王　辉　刘智光　王洪波

序

近年来，随着建筑新技术、新产品、新材料不断研发应用，超高层建筑、大型物流建筑、大型商业综合体、大型医院、大规模大体量结构功能复杂的地下建筑、大型燃气储罐等工程建设项目大量涌现，建筑消防面临前所未有的挑战。

为了适应建筑发展对建筑消防提出的挑战，预防建筑火灾，减少火灾危害，保护人身和财产安全，国家不断修订完善《建筑设计防火规范》GB 50016 等消防技术标准规范。建筑设计过程中如何正确执行建筑设计防火规范，确保建筑消防安全，是建筑设计人员、建筑设计消防审查人员神圣的使命和责任。在建筑设计消防审查过程中，会遇到大量的疑难问题。处理疑难问题，既要尊重规范的权威性和严肃性，又要承认规范的局限性。坚持把规范的要求与具体建筑的实际相结合，把实现规范所要达到的目的，作为建筑防火设计和建筑消防设计审查不变的初心和使命。

《建筑专业消防常见问题分析 100 例》列举了建筑设计和消防审查中常见的疑难问题，依规依理进行了分析，提出了解决办法，对于建筑设计和消防审查人员都有较高的参考价值。

由于各种原因，人们对建筑设计防火的某些规定要求有不少争议，同样对本书中部分案例的分析解决也会仁者见仁，智者见智。但无论如何本书的出版对建筑防火设计和消防审查水平的提高会有积极的促进作用。

张耀泽

2020 年 3 月

前　　言

不少同行都说现在的设计越来越难做：规范越来越多，软件越来越多，要求越来越高，服务越来越多，加班越来越多，责任越来越大，行情越来越不明朗；周期越来越短，性价比越来越低，地位越来越低，头发越来越少……

笔者认为应该为同行们做点事，于是就写了这本《建筑专业消防常见问题分析 100 例》。

案例主要来源于工作、培训学习及交流讨论三方面。其中工作类案例主要包括一线设计师的疑问、审图及消防审查意见；培训学习类案例主要引用了现行国家标准《建筑设计防火规范》GB 50016（以下简称《建规》）主要起草老师及审查老师的培训课件及公消文件等；交流讨论类案例主要包括各类规范讨论群的热点问题。

案例的表述图文并茂，均包括：案例描述、分析及解决和相关规范。在提高阅读趣味性的同时力求还原案例的真实性。案例编排顺序按现行《建规》对应的章节依次编排。

本书能顺利出版，得益于许多同事同仁微信群友及 QQ 群友的帮助和提供的资料。另外，张耀泽老师为本书编写给予了热情指导。在此，对为本书编写及出版提供帮助的所有人员表示衷心的感谢!

2020 年 3 月

目　录

1. 商业服务网点与附建公共用房的区别

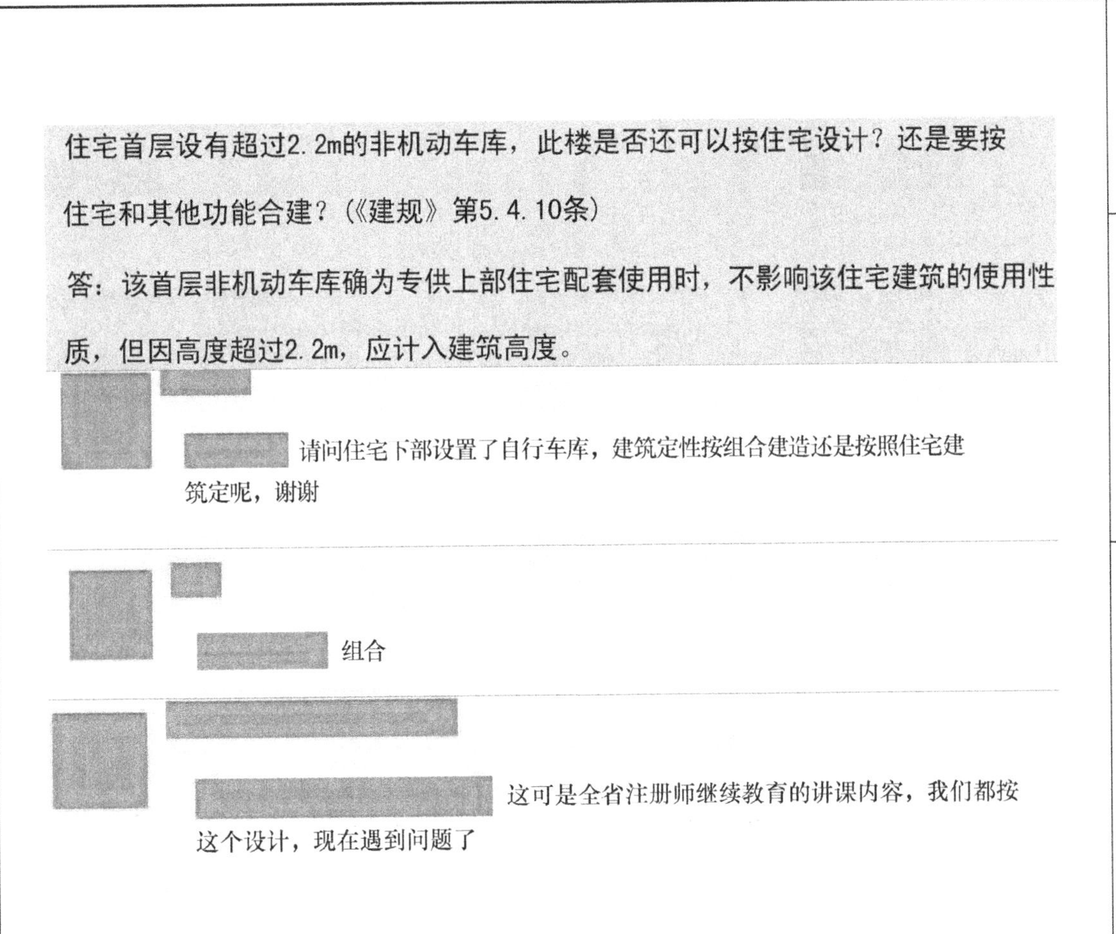

案例描述：

某地方指南按《住宅设计规范》GB 50096—2011 解读住宅建筑底部设置了非机动车库时，整栋楼按住宅建筑定性。部分设计师依此对整栋楼套用《建规》第5.4.11条设计。

分析及解决：

附建公共用房与商业服务网点均属于住宅建筑的一部分，但附建公共用房不等于商业服务网点。比如单间面积大于300m² 的物业管理用房，属于附建公共用房，建筑整体定性为住宅建筑，但就《建规》范畴而言不属于商业服务网点，因面积超出限制；同理，非机动车库属于住宅建筑的共用部分，但不在《建规》商业服务网点例举的范围内，因此应按组合建筑考虑。

相关规范：

1.《建规》第2.1.4条：商业服务网点：设置在住宅建筑的首层或首层及二层，每个分隔单元建筑面积不大于300m² 的商店、邮政所、储蓄所、理发店等小型营业性用房。本条的条文解释：商业服务网点包括百货店、副食店、粮店、邮政所、储蓄所、理发店、洗衣店、药店、洗车店、餐饮店等小型营业性用房。

2.《住宅设计规范》第2.0.25条附建公共用房：附于住宅主体建筑的公共用房，包括物业管理用房、符合噪声标准的设备用房、中小型商业用房、不产生油烟的餐饮用房等。

2. 台地建筑的防火分区面积如何控制

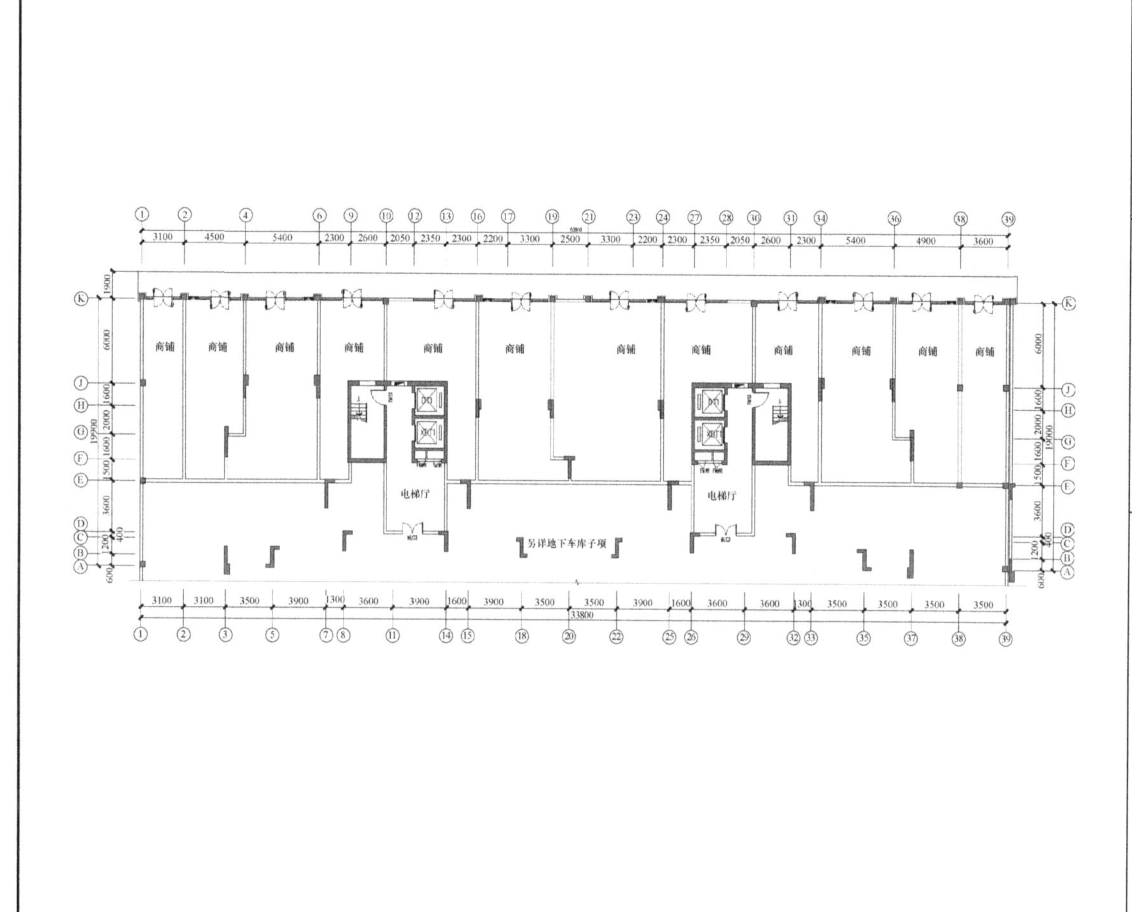

案例描述：

图名为“负一层平面图”的台地建筑的沿街商业，某些人认为应按地下建筑设计，防火分区按 500＋喷淋≤1000m^2。

分析及解决：

图面虽然为负一层，但属于台地建筑双首层的一层，均属于地上建筑，可不按地下建筑设计。

相关规范：

《建规》第 2.1.7 条地下室：房间地面低于室外设计地面的平均高度大于该房间平均净高 1/2 者。

3. 楼梯间的墙体及门是否需要按防火墙、甲级防火门设计

李工，上次跟你说的那个问题，我们跟审图核减不下来，他们的理由是如果地下室不设置甲级防火门，那楼梯跑上来，在首层位置地下室楼梯进大堂前室的就要设置甲级

这个说法既没有道理，更没有依据。如果地上每层一个防火分区，你问审查人员，每层楼梯间的门要不要甲级防火门？楼梯间的墙是不是也应该由2.0h提高到3.0h？楼梯间作为竖向防火分区的分隔设施，是一个上下层及其2层的乙级防火门构成的体系，其作用比防火墙上的1樘甲级防火门高。正因为这样，不要求上下层为不同的防火分区时，楼梯间的墙和门要提高要求。相反，规范允许采用敞开楼梯间时，不加门，上下层就可以划分防火分区。在一些风险比较低的采用封闭楼梯间的场合，封闭楼梯间的门也可以采用普通的双向弹簧门，而并没有因为上下层属于不同的防火分区而提高对门的防火要求

案例描述：

某知名地产公司总工室认为疏散楼梯联系的上下楼层属于不同的防火分区，楼梯间墙体应按防火墙设计，防火墙上开设的门应为甲级防火门。

分析及解决：

乙级防火门即可。疏散楼梯作为竖向防火分区的分隔设施，与水平防火分区的分隔不一样。疏散楼梯是一个体系，是安全出口，作用比防火墙上的甲级防火门高。

相关规范：

《建规》第 2.1.14 条：安全出口：供人员安全疏散用的楼梯间和室外楼梯的出入口或直通室内外安全区域的出口。

4. 民用建筑地下设备用房与厂房地下设备用房的安全出口设置的区别

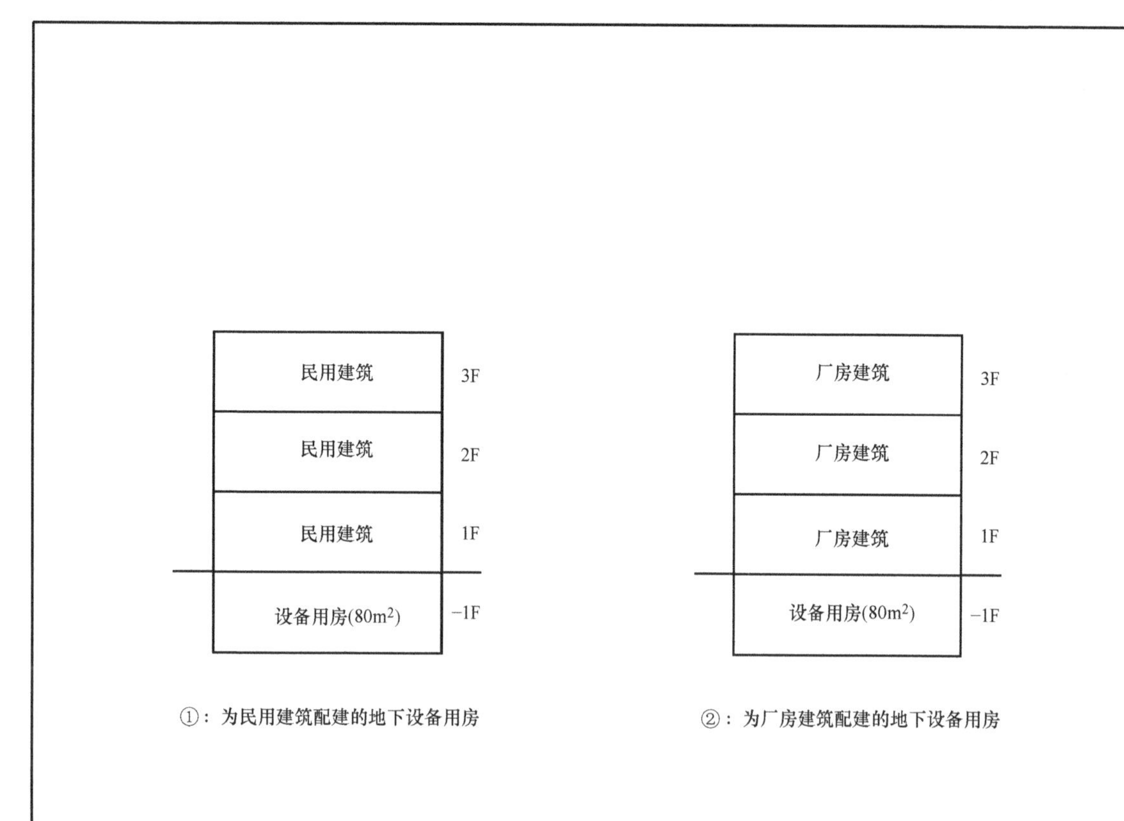

①：为民用建筑配建的地下设备用房

②：为厂房建筑配建的地下设备用房

案例描述：

平面布置完全一致的地下设备用房，建筑面积 $80m^2$，均设1部疏散楼梯。

分析及解决：

1. 为民用建筑配建的设备用房可不增加疏散楼梯。

2. 现行《建规》仅规定了地下厂房只设1个安全出口时最大面积及同时作业人数，并未规定为厂房配建的地下设备用房只设1个安全出口时的最大面积。

3. 《建规》最新修订版讨论稿已考虑增加相关内容："当为设备用房时，每层建筑面积不大于 $200m^2$"。建议在修订版发布之前，从合规性考虑按《建规》第3.7.2条第5款不大于 $50m^2$ 设一个安全出口控制。

相关规范：

1. 《建规》第5.5.5条：除歌舞娱乐放映游艺场所外，防火分区建筑面积不大于 $200m^2$ 的地下或半地下设备间、防火分区建筑面积不大于 $50m^2$ 且经常停留人数不超过15人的其他地下或半地下建筑（室），可设置1个安全出口或1部疏散楼梯。

2. 《建规》第3.7.2条：厂房内每个防火分区或一个防火分区内的每个楼层，其安全出口的数量应经计算确定，且不应少于2个；当符合下列条件时，可设置1个安全出口：第5款：地下或地下厂房（包括地下或半地下室），每层建筑面积不大于 $50m^2$，且同一时间的作业人数不超过15人。

5. 重要公共建筑的具体内容

公共建筑	1.建筑高度大于50m的公共建筑 2.建筑高度24m以上部分任一楼层建筑面积大于1000m²的商店、展览、电信、邮政、财贸金融建筑和其他多种功能组合的建筑 3.医疗建筑、重要公共建筑、独立建造的老年人照料设施 4.省级及以上的广播电视和防灾指挥调度建筑、网局级和省级电力调度建筑 5.藏书超过100万册的图书馆、书库	**B.0.1** 重要公共建筑物，应包括下列内容： **1** 地市级及以上的党政机关办公楼。 **2** 设计使用人数或座位数超过1500人(座)的体育馆、会堂、影剧院、娱乐场所、车站、证券交易所等人员密集的公共室内场所。 **3** 藏书量超过50万册的图书馆；地市级及以上的文物古迹、博物馆、展览馆、档案馆等建筑物。 **4** 省级及以上的银行等金融机构办公楼，省级及以上的广播电视建筑。 **5** 设计使用人数超过5000人的露天体育场、露天游泳场和其他露天公众聚会娱乐场所。 **6** 使用人数超过500人的中小学校及其他未成年人学校；使用人数超过200人的幼儿园、托儿所、残障人员康复设施；150张床位及以上的养老院、医院的门诊楼和住院楼。这些设施有围墙者，从围墙中心线算起；无围墙者，从最近的建筑物算起。 **7** 总建筑面积超过20000m²的商店(商场)建筑，商业营业场所的建筑面积超过15000m²的综合楼。 **8** 地铁出入口、隧道出入口。

相关规范：

1.《建规》表5.1.1中的“重要公共建筑”按本规范第2.1.3条：发生火灾可能造成重大人员伤亡、财产损失和严重社会影响的公共建筑。条文解释：一般包括党政机关办公楼，人员密集的大型公共建筑或集会场所，较大规模的中小学校教学楼、宿舍楼，重要的通信、调度和指挥建筑，广播电视建筑，医院等以及城市集中供水设施、主要的电力设施等涉及城市或区域生命线的支持性建筑或工程。

2.《汽车加油加气站设计与施工规范》GB 50156—2012 附录B民用建筑物保护类别划分B.0.1。

6. 多层老年建筑、医疗建筑是否应按一类高层设计

请教一下根据规范5.1.1表的分类只要是独立建造的老年建筑的防火分类都要按照一类高层吗？多层(未超过24m)的老年建筑也属于此范围？

@鼠标　上次一位德高望重的老总跟我提了两个意见，一个是商业综合体6楼设置影院，坚决不同意，

还有一个是三层的配套社区医院，一定要按一类高层设计

那个专家80岁了

小强(272851326) 20:22:50

小强(272851326) 20:24:38

层高8m，室内外高差0.15。加点屋面面层。

没有，他认为医疗建筑全是一类高层

案例描述：

部分审图认为多层老年建筑、多层医疗建筑均应按一类高层设计。

分析及解决：

按多层公共建筑即可。

相关规范：

《建规》第 5.1.1 条：民用建筑根据其建筑高度和层数可分为单、多层民用建筑和高层民用建筑。高层民用建筑根据其建筑高度、使用功能和楼层的建筑面积可分为一类和二类。

7. 通过裙房相连的高层建筑如何设置避难层

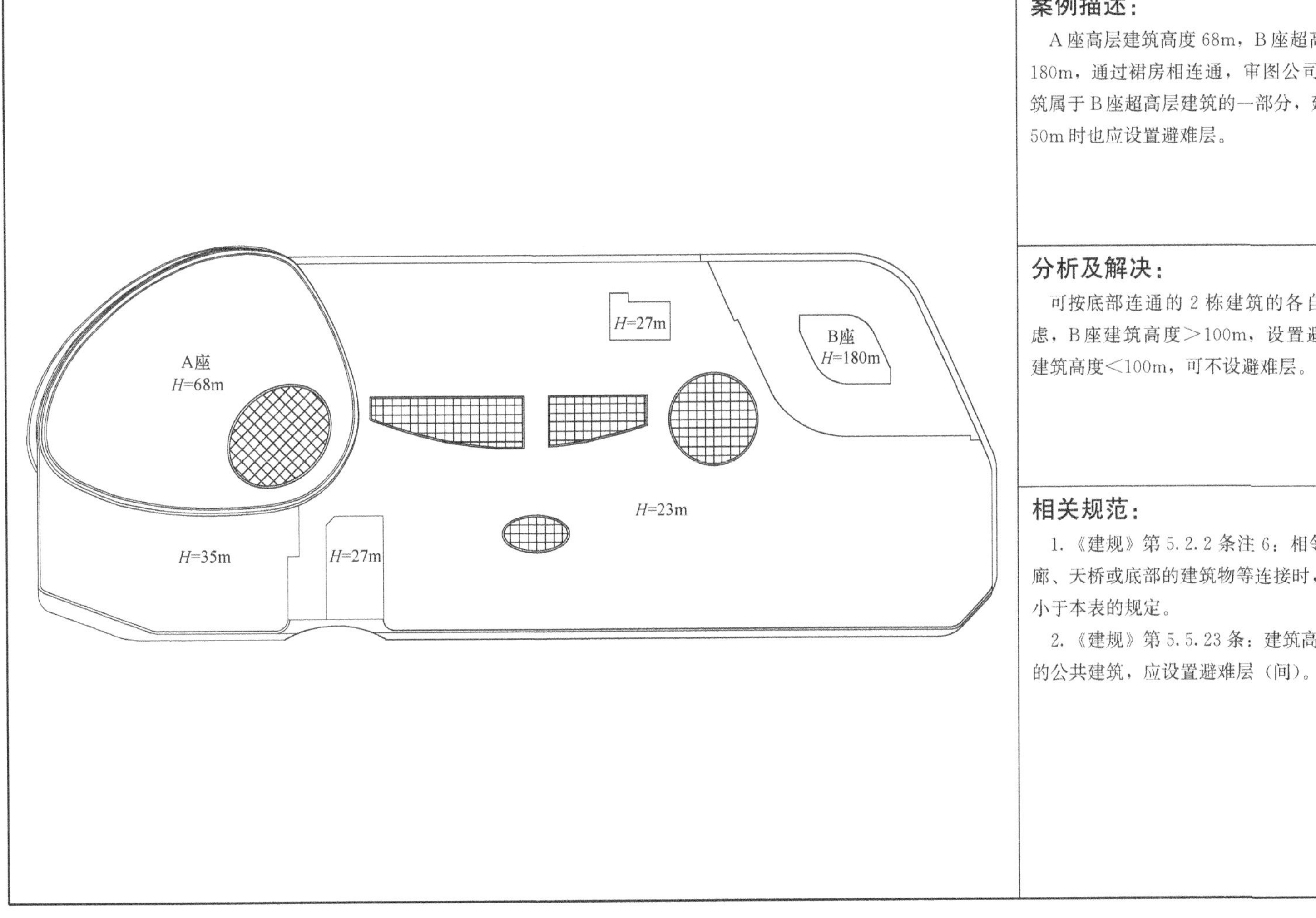

案例描述：

A座高层建筑高度68m，B座超高层建筑高度180m，通过裙房相连通，审图公司认为A座建筑属于B座超高层建筑的一部分，建筑高度超过50m时也应设置避难层。

分析及解决：

可按底部连通的2栋建筑的各自高度分别考虑，B座建筑高度＞100m，设置避难层，A座建筑高度＜100m，可不设避难层。

相关规范：

1.《建规》第5.2.2条注6：相邻建筑通过连廊、天桥或底部的建筑物等连接时，其间距不应小于本表的规定。

2.《建规》第5.5.23条：建筑高度大于100m的公共建筑，应设置避难层（间）。

8. 防火间距不限时防火墙上是否可开设甲级防火窗

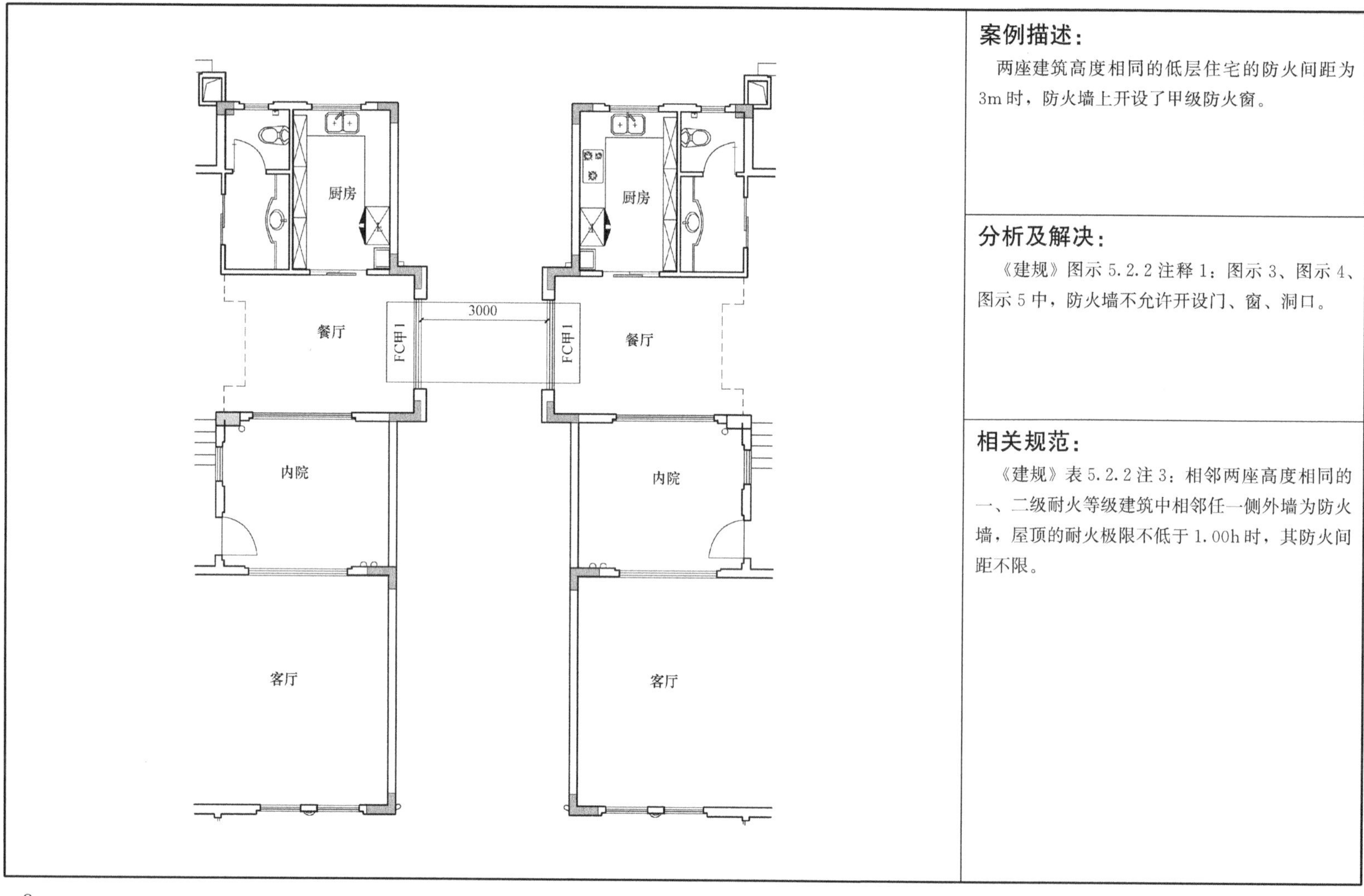

案例描述：

两座建筑高度相同的低层住宅的防火间距为3m时，防火墙上开设了甲级防火窗。

分析及解决：

《建规》图示 5.2.2 注释 1：图示 3、图示 4、图示 5 中，防火墙不允许开设门、窗、洞口。

相关规范：

《建规》表 5.2.2 注 3：相邻两座高度相同的一、二级耐火等级建筑中相邻任一侧外墙为防火墙，屋顶的耐火极限不低于 1.00h 时，其防火间距不限。

9. 楼梯间是否可不划入防火分区

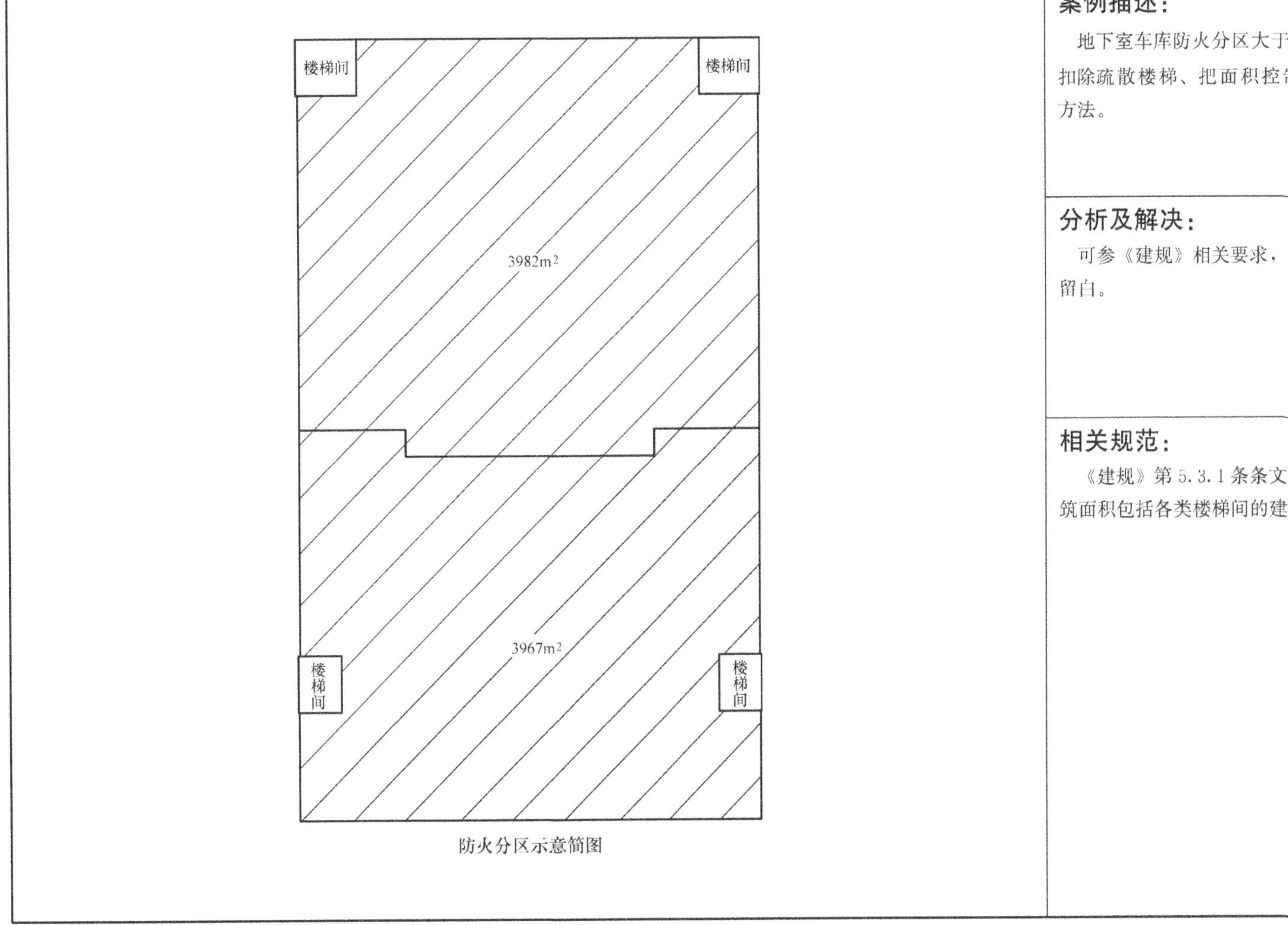

防火分区示意简图

案例描述：

地下室车库防火分区大于 4000m^2 时，采用了扣除疏散楼梯、把面积控制在 4000m^2 以内的方法。

分析及解决：

可参《建规》相关要求，防火分区示意图不应留白。

相关规范：

《建规》第 5.3.1 条条文解释：防火分区的建筑面积包括各类楼梯间的建筑面积。

10. 剪刀楼梯间处的防火分区的画法

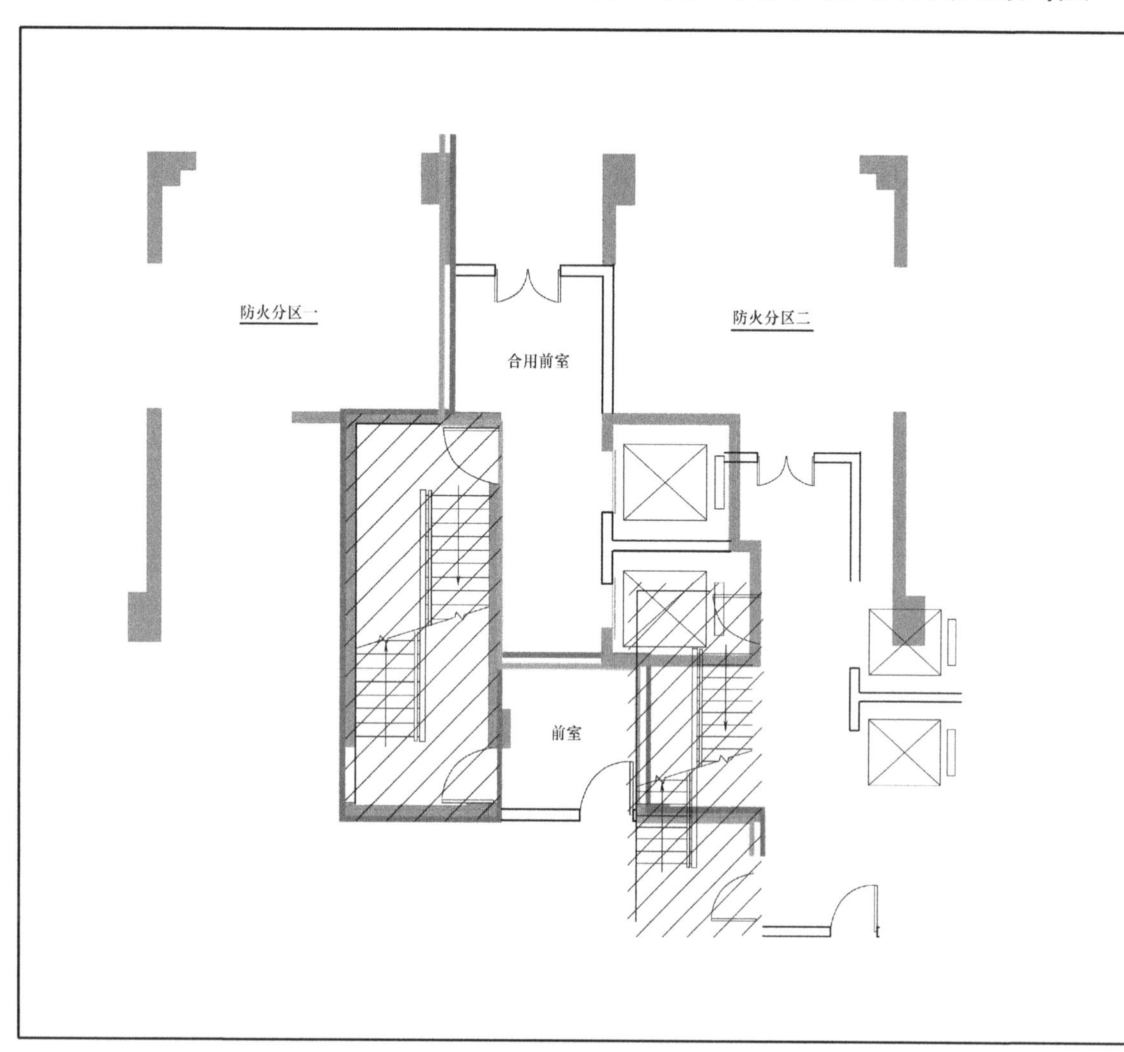

案例描述：

3层地下车库的剪刀楼梯作为2个安全出口分别划入不同防火分区时，楼梯仅划入一个防火分区、只计算一次防火分区面积。

分析及解决：

1. 由于剪力梯属于2部楼梯在同一空间内的叠加组合布置，因此图中斜线填充范围应计2次防火分区面积，此时防火分区一的面积+防火分区二的面积>防火分区一、二的外轮廓面积。

2. 剪刀梯作为2个安全出口时，中间的防火隔墙应按不同防火分区之间的防火墙理解，墙体下应设挑梁（不应设挑板，挑板耐火极限不满足3.0h）。

相关规范：

《建规》第5.3.1条条文解释：防火分区的建筑面积包括各类楼梯间的建筑面积。

11. 中庭是否可以贯穿至地下楼层

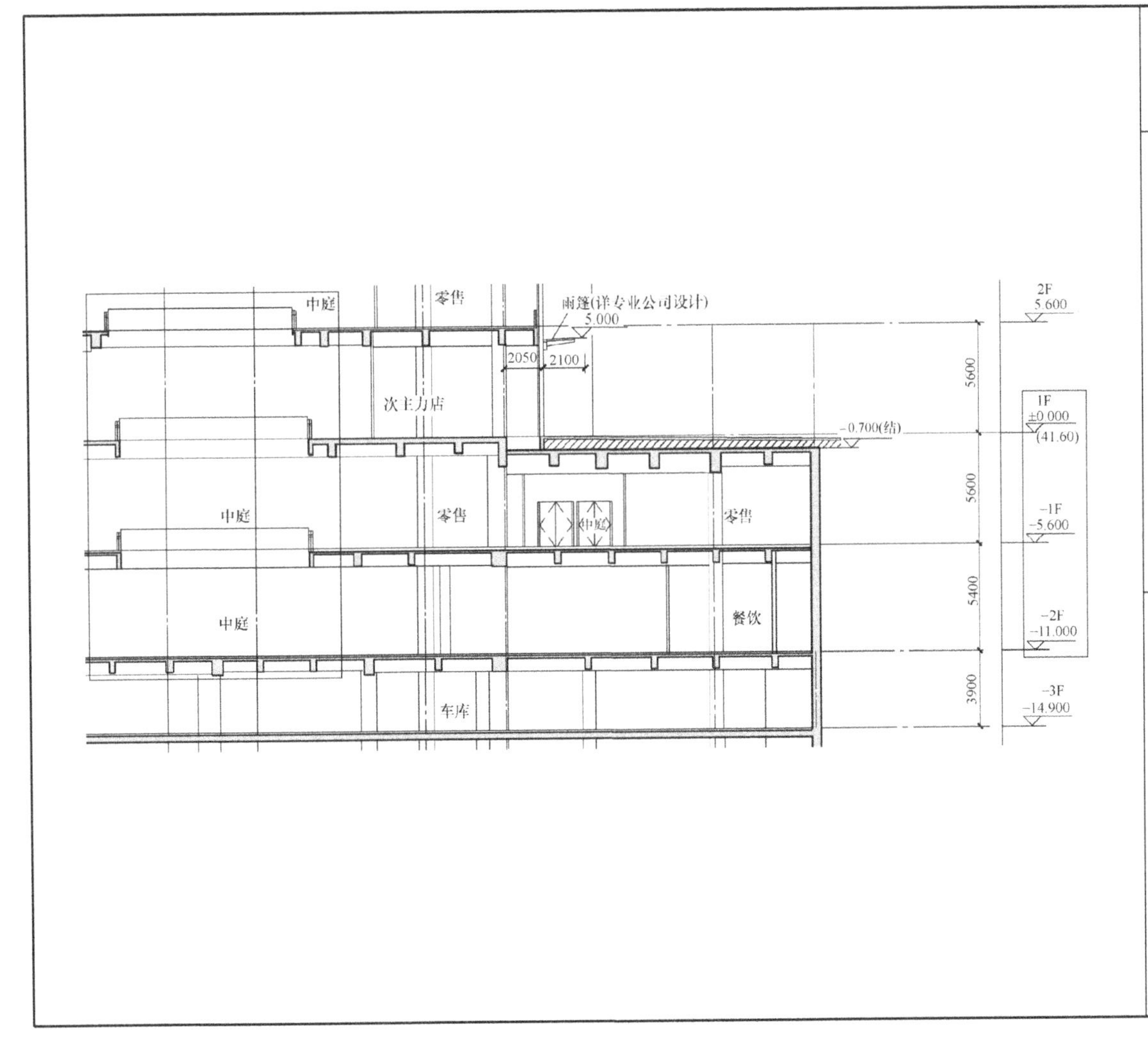

案例描述：

部分综合体设置的中庭贯通至地下楼层。

分析及解决：

1. 按条文解释，中庭“首层直通到顶层”，并未提到可设置在建筑的地下部分。

2. 按中庭术语，并未限制可设置的楼层。

3. 实际工程中中庭贯通至地下楼层的案例较多，建议提前咨询消防意见。

4. 个人理解规范为建筑服务，可以合理利用规范来解决具体问题，而不是限制建筑的多样性。

相关规范：

1.《建规》第 5.3.2 条条文解释：建筑内连通上下楼层的开口破坏了防火分区的完整性，会导致火灾在多个区域和楼层蔓延发展。这样的开口主要有：自动扶梯、中庭、敞开楼梯等。中庭等共享空间，贯通数个楼层，甚至从“首层直通到顶层”……

2.《民用建筑设计术语标准》GB/T 50504—2009 第 2.5.23 条中庭：建筑中贯穿多层的室内大厅。

12. 中庭防火单元与相邻防火分区的关系

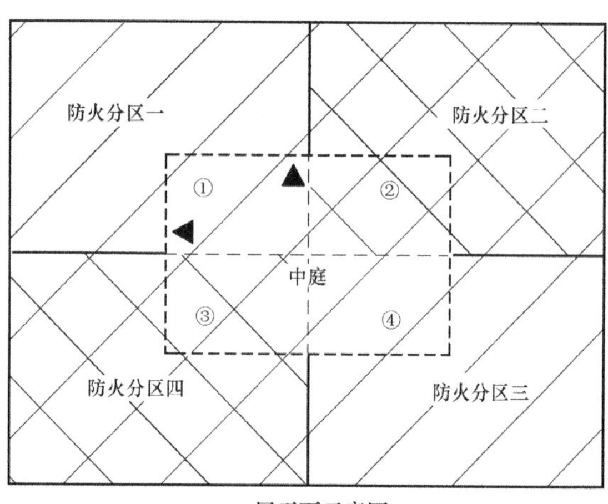

一层平面示意图

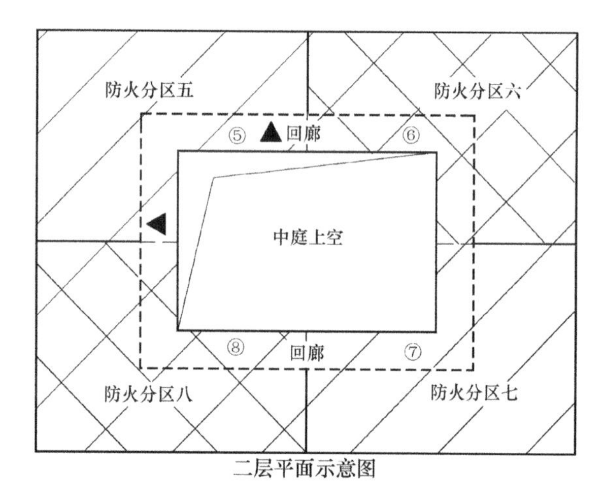

二层平面示意图

案例描述：

中庭防火单元与相邻防火分区的关系：(图中粗线处采用《建规》5.3.2 条的防火隔墙、防火玻璃墙、防火卷帘进行防火分隔)。

(1) 一层平面图：中庭由①、②、③、④四个部分组成。其中①、②、③、④分别虚拟划分给防火分区一、二、三、四；应考虑①的人员疏散，如在图中的▲设置甲级防火门，门的宽度和数量根据①的人数、面积确定；①中最远点到防火分区一的安全出口的距离应满足《建规》相关要求。▲处设置的甲级防火门可不与楼梯间、前室等安全出口直接相连。其余 3 个防火分区均按此考虑；①+②+③+④建筑面积之和不限，相互之间不再设置防火分隔措施。

(2) 二层平面图：回廊由⑤、⑥、⑦、⑧四个部分组成。其中⑤、⑥、⑦、⑧分别虚拟划分给防火分区五、六、七、八；应考虑⑤的人员疏散，如在图中的▲设置甲级防火门，门的宽度和数量根据⑤的人数、面积确定；⑤中最远点到防火分区五的安全出口的距离应满足《建规》相关要求。▲处设置的甲级防火门可不与楼梯间、前室等安全出口直接相连。其余 3 个防火分区均按此考虑；⑤+⑥+⑦+⑧建筑面积之和不限，相互之间不再设置防火分隔措施。

(3) 各层粗线处为同一防火分区内的防火分隔措施，因此粗线下方可不设置耐火极限 3h 的梁。

(4) 首层包括中庭的区域的建筑面积不大于一个防火分区的最大允许建筑面积时，首层的中庭开口处可以不进行防火分隔，但其上部各楼层的中庭周围仍需要进行防火分隔。

13. 中庭采用防火玻璃墙分隔时配套的自喷时间如何设计

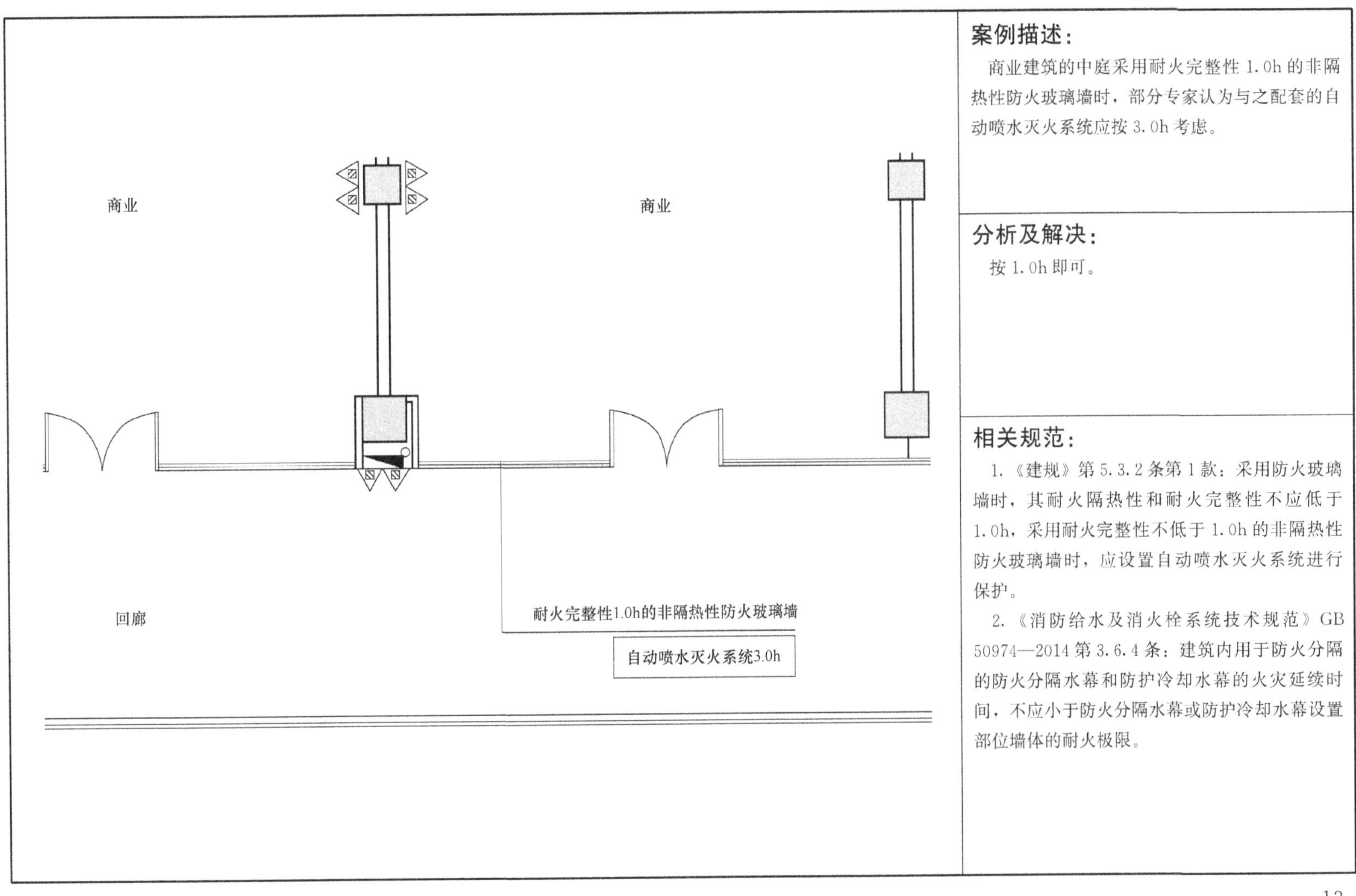

案例描述：

商业建筑的中庭采用耐火完整性 1.0h 的非隔热性防火玻璃墙时，部分专家认为与之配套的自动喷水灭火系统应按 3.0h 考虑。

分析及解决：

按 1.0h 即可。

相关规范：

1.《建规》第 5.3.2 条第 1 款：采用防火玻璃墙时，其耐火隔热性和耐火完整性不应低于 1.0h，采用耐火完整性不低于 1.0h 的非隔热性防火玻璃墙时，应设置自动喷水灭火系统进行保护。

2.《消防给水及消火栓系统技术规范》GB 50974—2014 第 3.6.4 条：建筑内用于防火分隔的防火分隔水幕和防护冷却水幕的火灾延续时间，不应小于防火分隔水幕或防护冷却水幕设置部位墙体的耐火极限。

14. 附设在商业建筑中的餐饮部分的防火分区如何确定

案例描述：

附设在商业建筑中的餐饮部分，防火分区和安全疏散人数计算按商业建筑的相关规定。

分析及解决：

《饮食建筑设计标准》JGJ 64—2017 中相关条与《建规》GB 50016—2014 相冲突，经确认，应以《建规》相关条文为准。

相关规范：

1. 《建规》第 5.3.4 条条文解释。
2. 《饮食建筑设计标准》JGJ 64—2017 第 4.1.3 条。

《建规》

5.3.4　条文解释：

当营业厅内设置餐饮场所时，防火分区的建筑面积需要按照民用建筑的其他功能的防火分区要求划分，并要与其他商业营业厅进行防火分隔。

《饮食建筑设计标准》

4.1.3　附建在商业建筑中的饮食建筑，其防火分区划分和安全疏散人数计算应按现行国家标准《建筑设计防火规范》GB 50016 中商业建筑的相关规定执行。

15. 有顶步行街相邻商铺之间是否可不设 1m 宽实体墙

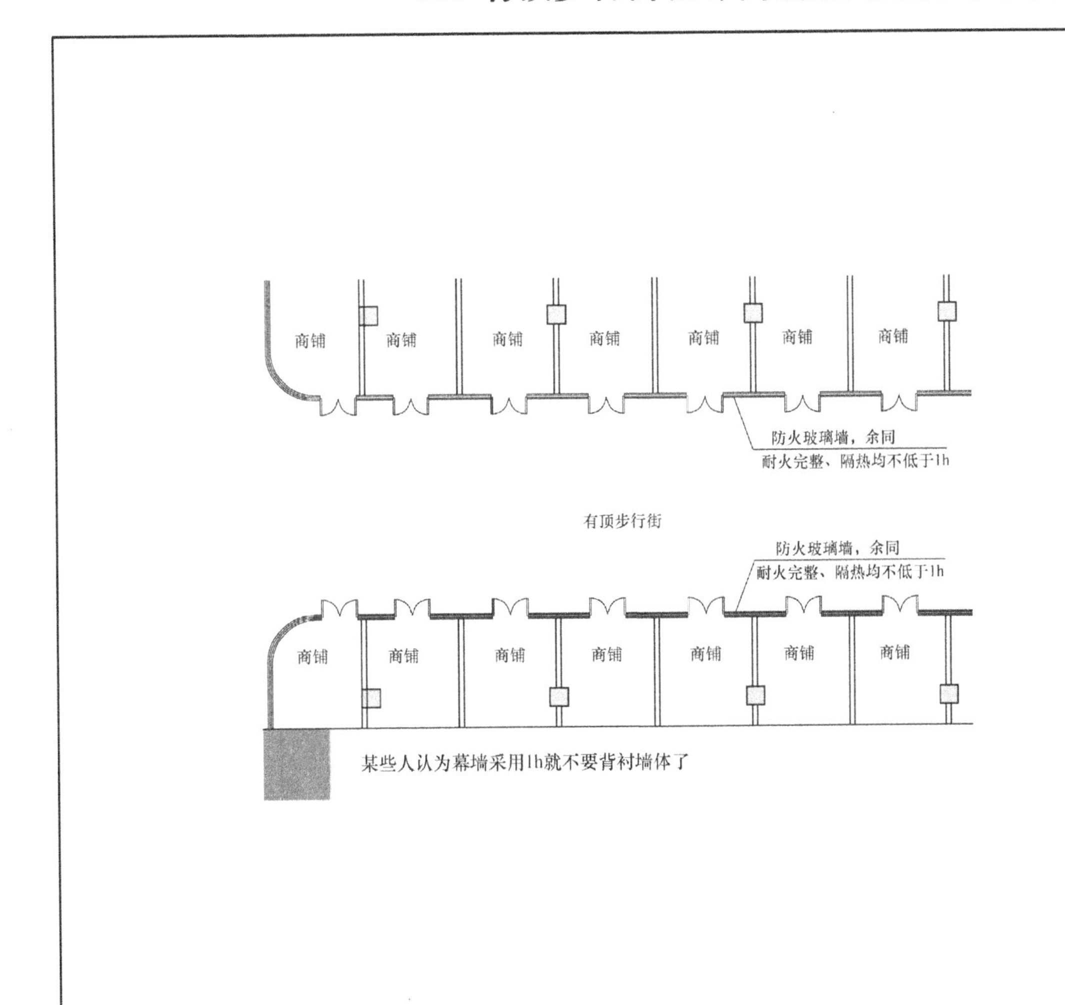

案例描述：

某有顶步行街项目面向街区一侧的商铺采用耐火完整性和隔热性均不低于 1.0h 的防火玻璃墙时，部分设计师认为相邻商铺之间可不再设置宽度不小于 1m 的实墙。

分析及解决：

1.0h 的实体墙与 1.0h 的防火玻璃墙仅在时间上等效，相邻商铺之间应按规范要求设置宽度不小于 1m 的实体墙。

相关规范：

《建规》第 5.3.6 条第 4 款：步行街两侧建筑的商铺，其面向步行街一侧的围护构件的耐火极限不应低于 1.0h，并宜采用实体墙，其门、窗应采用乙级防火门、窗；当采用防火玻璃墙（包括门、窗）时，其耐火隔热性和耐火完整性不应低于 1.0h；当采用耐火完整性不低于 1.0h 的非隔热性防火玻璃墙（包括门、窗）时，应设置闭式自动喷水灭火系统进行保护。相邻商铺之间面向步行街一侧应设置宽度不小于 1.0m、耐火极限不低于 1.0h 的实体墙。

16. 高层公共建筑内的儿童活动场所是否可借用其他防火分区的楼梯进行疏散

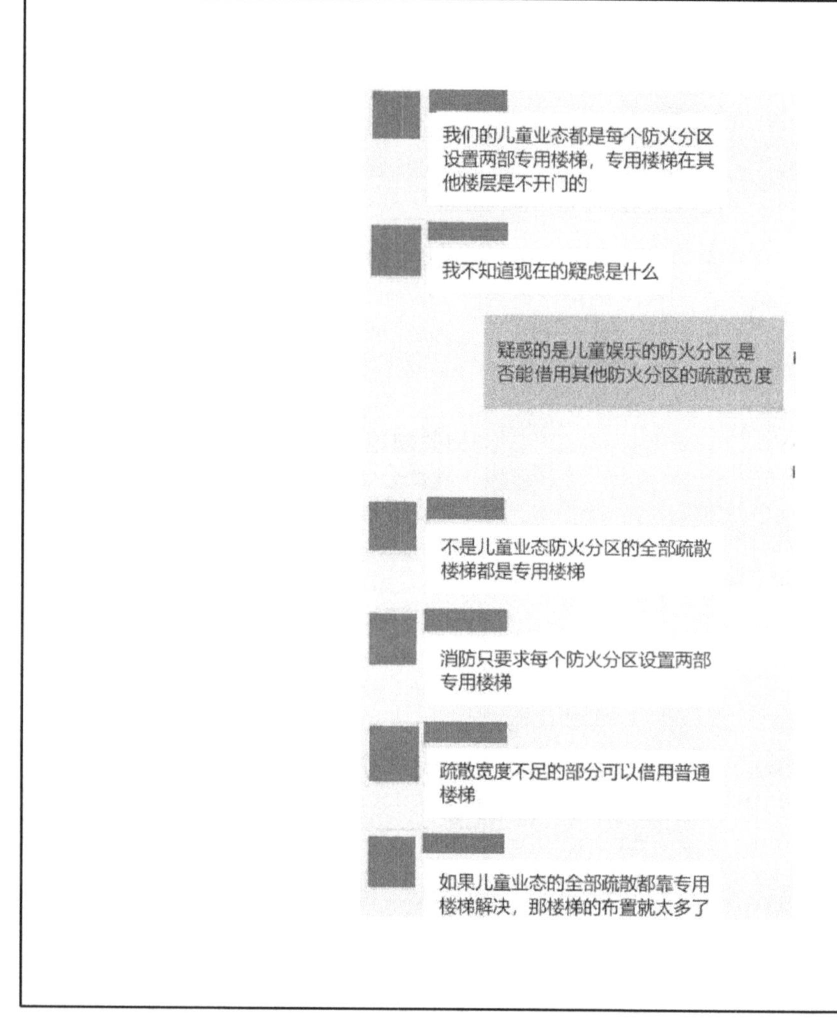

案例描述：

消防顾问公司认为设置在高层公共建筑内的独立运营的儿童游乐厅设置 2 个专用疏散楼梯即可，疏散宽度不足的部分可以借用普通楼梯。

分析及解决：

高层建筑内独立运营的儿童活动场所的安全疏散必须完全独立，不得借用。

相关规范：

《建规》第 5.4.4 条条文解释：托儿所、幼儿园或老年人活动场所等设置在高层建筑内时，一旦发生火灾，疏散更加困难，要进一步提高疏散的可靠性，避免与其他楼层和场所的疏散人员混合，故规范要求这些场所的安全出口和疏散楼梯要完全独立于其他场所，不与其他场所内的疏散人员共用，而仅供托儿所、幼儿园或老年人活动场所等的人员疏散用。

17. 影院分区与商业分区之间是否可设防火卷帘

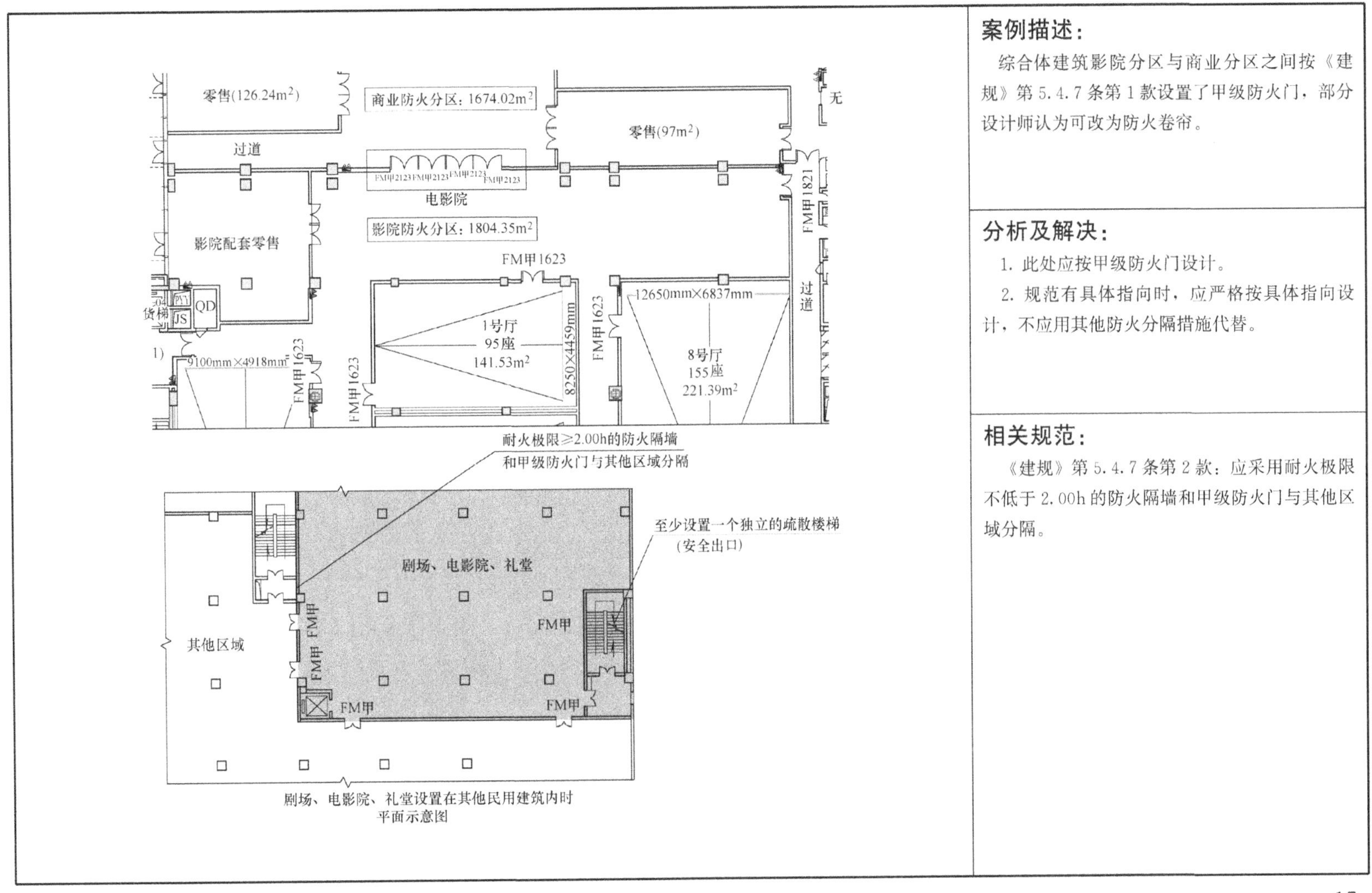

剧场、电影院、礼堂设置在其他民用建筑内时
平面示意图

案例描述：

综合体建筑影院分区与商业分区之间按《建规》第5.4.7条第1款设置了甲级防火门，部分设计师认为可改为防火卷帘。

分析及解决：

1. 此处应按甲级防火门设计。

2. 规范有具体指向时，应严格按具体指向设计，不应用其他防火分隔措施代替。

相关规范：

《建规》第5.4.7条第2款：应采用耐火极限不低于2.00h的防火隔墙和甲级防火门与其他区域分隔。

18. 住宅建筑与其他使用功能的建筑合建时楼梯间的防排烟系统如何确定

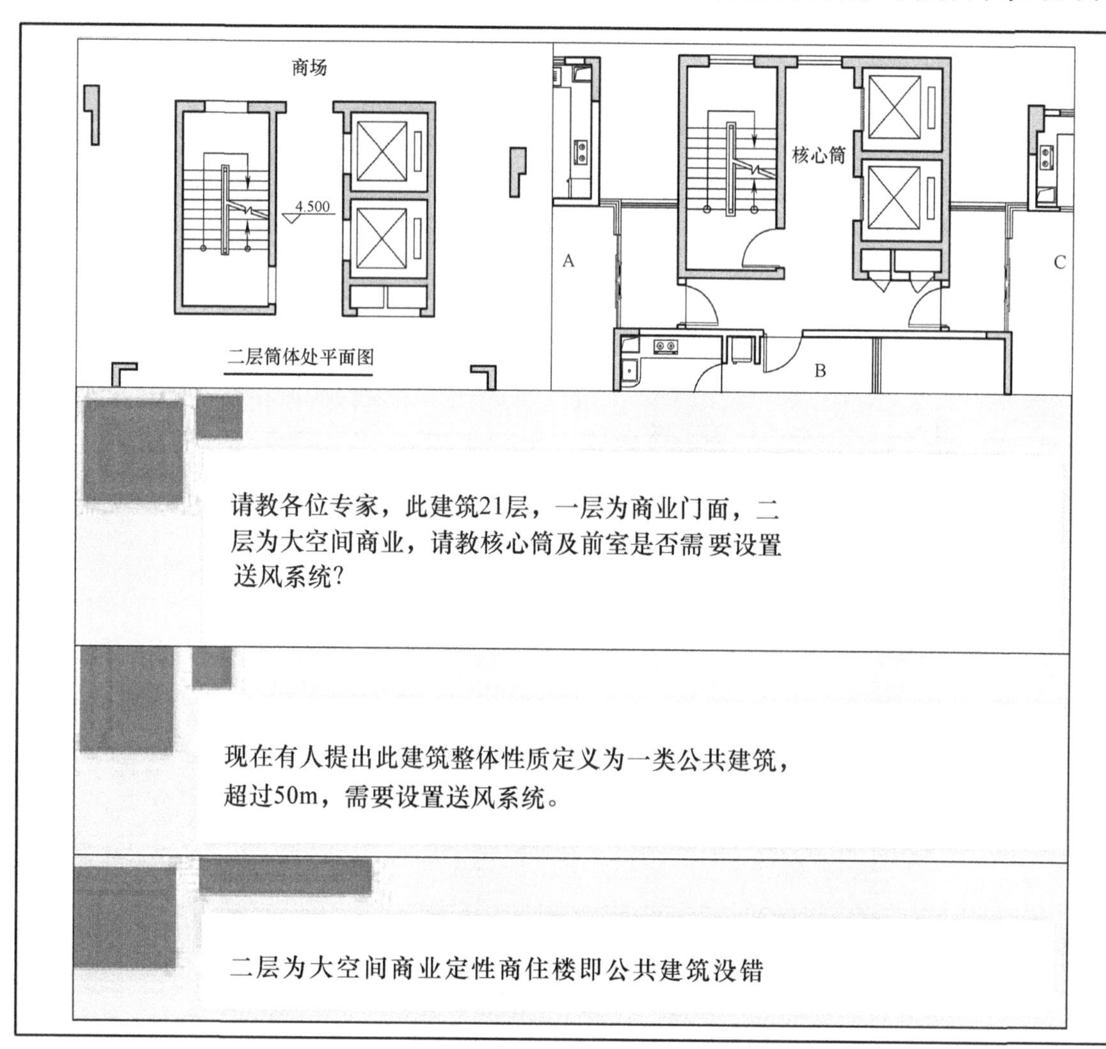

案例描述：

住宅与其他建筑组合建造时，部分审图公司、设计师认为建筑整体按高层公共建筑考虑，当建筑高度大于 50m 时，住宅部分的楼梯间及其前室应设置正压送风系统。

分析及解决：

住宅楼梯间的防烟与排烟系统根据组合建筑的总高度确定，而不是按组合后的性质确定。

相关规范：

《建规》第 5.4.10 条条文解释：住宅部分疏散楼梯间内防烟与排烟系统的设置应根据建筑的总高度确定。

19. 住宅底层设网点时与设商业时相同外窗间距的差别

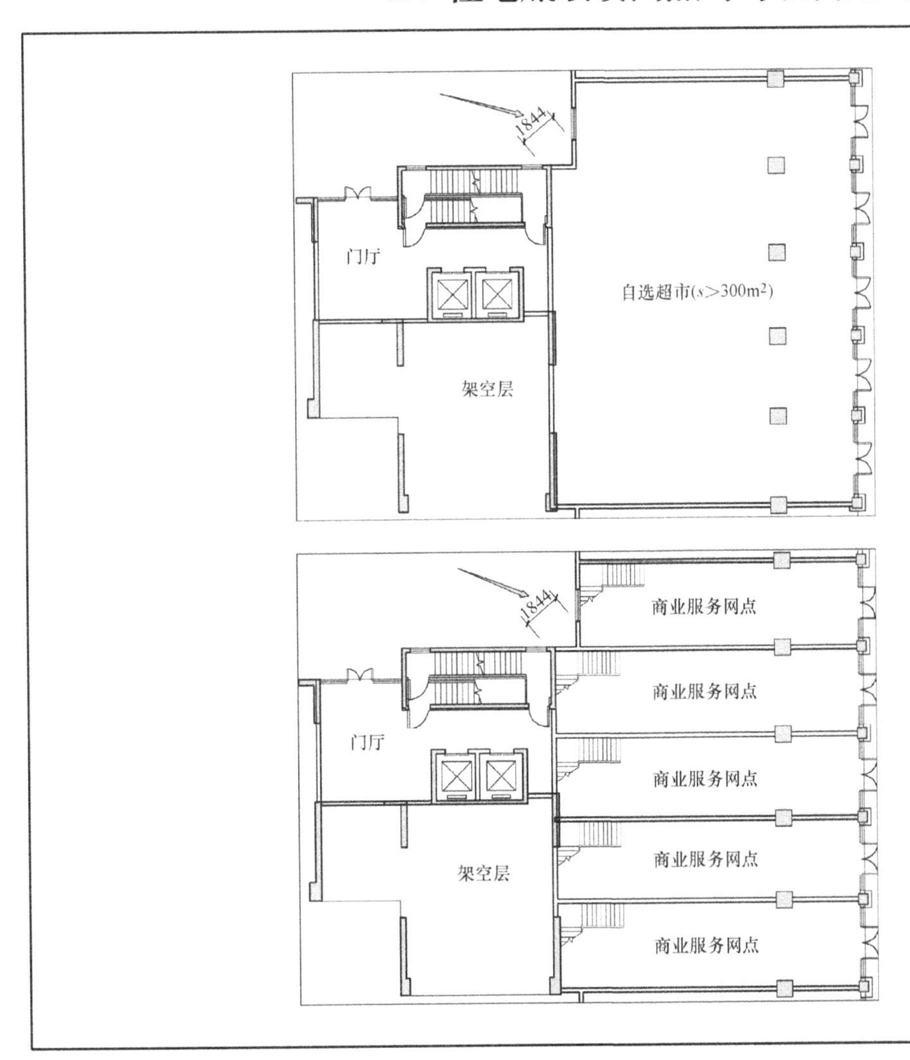

案例描述：

1. 左上图为高层住宅与商业组合建造时，住宅核心筒外窗与商业的外窗距离为1844mm。

2. 左下图为高层住宅底部为商业服务网点时，住宅核心筒外窗与商业服务网点的外窗距离为1844mm。

分析及解决：

1. 左上图高层住宅与商业之间的墙为防火墙，故相邻外窗之间的距离1844mm不可行，窗改为乙级防火窗。

2. 左下图高层住宅与商业服务网点之间的墙为防火隔墙，故相邻外窗之间的距离1844mm可行。

相关规范：

1.《建规》第5.4.10条第1款：住宅部分与非住宅部分之间，应采用耐火极限不低于2.00h且无门、窗、洞口的防火隔墙和1.50h的不燃性楼板完全分隔；当为高层建筑时，应采用无门、窗、洞口的防火墙和耐火极限不低于2.00h的不燃性楼板完全分隔。

2.《建规》第5.4.11条：设置商业服务网点的住宅建筑，其居住部分与商业服务网点之间应采用耐火极限不低于2.00h且无门、窗、洞口的防火隔墙与1.50h的不燃性楼板完全分隔。

3.《建规》第6.1.4条：建筑内的防火墙不宜设置在转角处，确需设置时，内转角两侧墙上的门、窗、洞口之间最近边缘的水平距离不应小于4.0m；采取设置乙级防火窗等防止火灾水平蔓延的措施时，该距离不限。

20. 高层住宅与商业组合建筑时消防车道如何设置

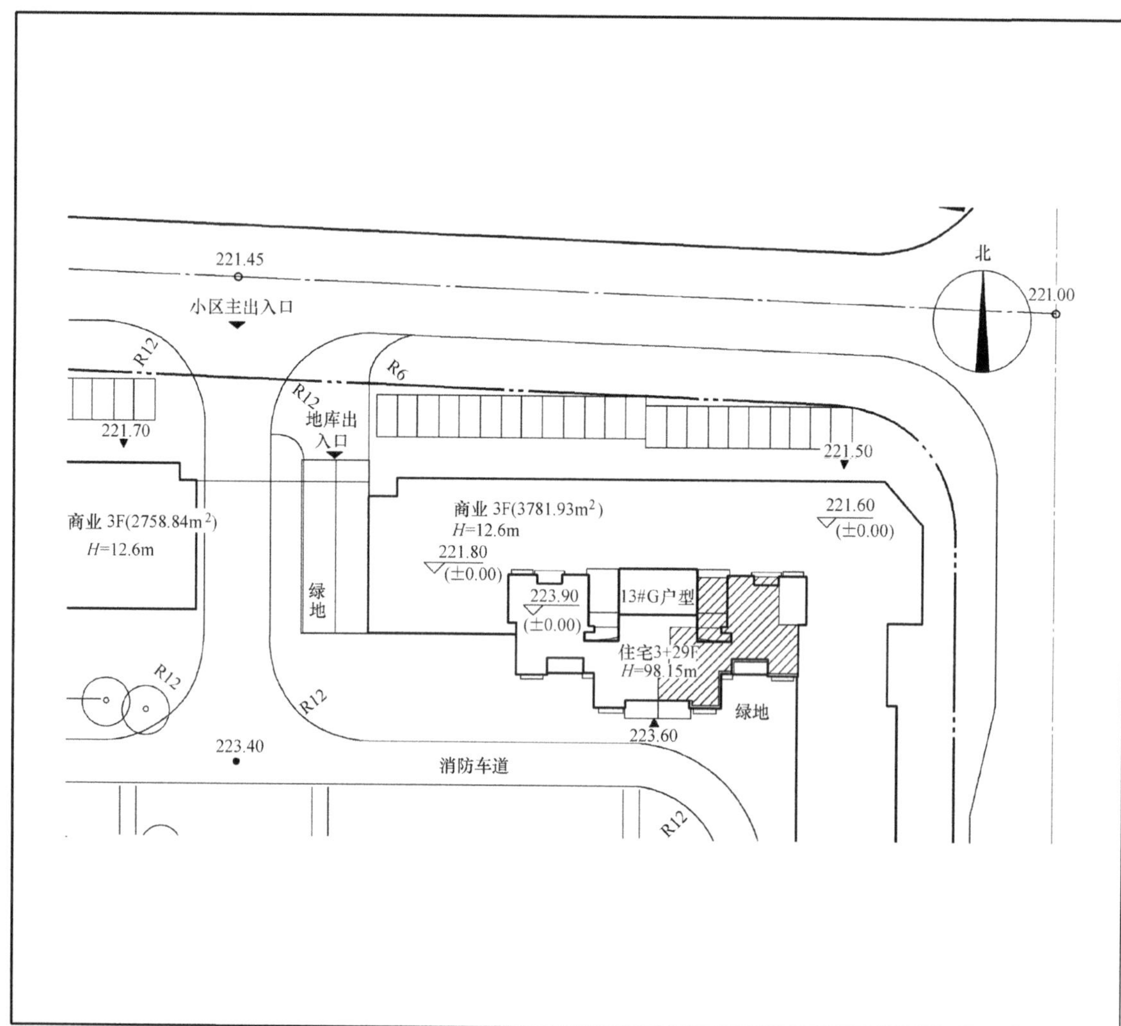

案例描述：

高层住宅与 3 层商业组合建造时，未沿建筑的 2 个长边设置消防车道。

分析及解决：

取消停车位，增加消防车道，或可利用市政道路作为消防车道。

相关规范：

1.《建规》第 5.4.10 条第 3 款：住宅部分和非住宅部分的安全疏散、防火分区和室内消防设施，可根据各自的建筑高度分别按照本规范有关住宅建筑和公共建筑的规定执行；该建筑的其他防火设计应根据建筑的总高度和建筑规模按本规范有关公共建筑的规定执行。本条“其他防火设计”——装修、耐火等级、室外消防给水、消防车道、救援场地、外保温（不含内保温）等。

2.《建规》第 7.1.2 条：高层民用建筑……确有困难时，可沿建筑的两个长边设置消防车道。

3.《建规》第 7.1.9 条：消防车道可利用城乡、厂区道路等，但该道路应满足消防车通行、转弯和停靠的要求。

21. 商业服务网点直接对外的门的净宽度如何控制

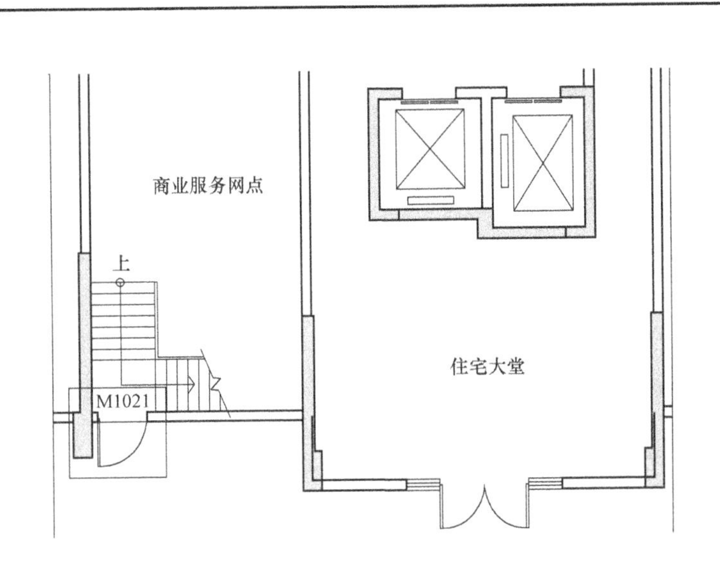

6：JS05. 一层商业服务网点开向室外的门净宽度 0.9m，不满足《建筑设计防火规范》第 5.5.30 条有关首层疏散外门的净宽度不应小于 1.1m 的要求。

为规范《建筑设计防火规范》GB 50016—2014 的实施，根据《工程建设标准解释管理办法》(建标［2014］65 号)，结合规范发布实施以来的工程实践，对本规范有关条文解释如下：

二、关于商业服务网点的疏散宽度——第 5.4.11 条

商业服务网点的疏散走道、疏散门、安全出口和疏散楼梯的净宽度，按照本规范第 5.5.18 条关于多层公共建筑的规定确定。

案例描述：

审图公司认为高层住宅下方的商业服务网点直接开向室外的门净宽度应按《建规》第 5.5.30 条不小于 1.1m 控制。

分析及解决：

1.《建规》第 5.5.30 条首层疏散外门净宽不小于 1.1m 仅针对住宅部分，不适用商业服务网点。

2. 现行规范未对商业服务网点直接对外的门净宽度做要求，因此规范组在相关文件中说明商业服务网点安全出口的净宽度按可按《建规》第 5.5.18 条关于多层公共建筑的规定确定。本说明在《建规》最新修订版讨论稿中也已考虑增补。

相关规范：

《建规》第 5.5.18 条：除本规范另有规定外，公共建筑内疏散门和安全出口的净宽度不应小于 0.9m。

22. 疏散宽度与疏散距离如何匹配（一）

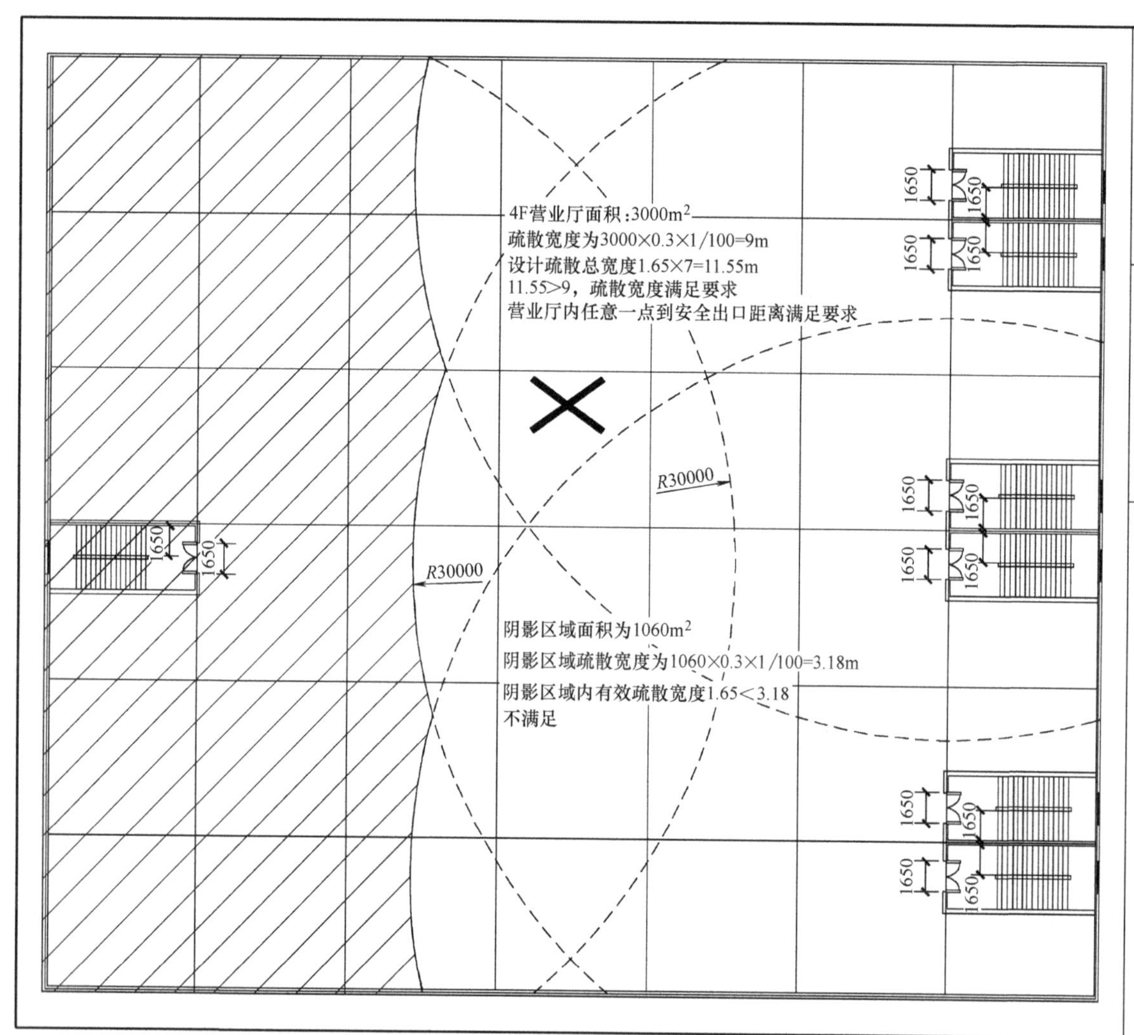

案例描述：

商业建筑仅核算了防火分区的总疏散宽度，未考虑单个疏散楼梯有效疏散距离内的建筑面积所需要的疏散宽度。

分析及解决：

疏散宽度是有效疏散距离内的宽度，疏散宽度够、疏散距离不够本身就是错误。应均匀分散布置安全出口。

相关规范：

《建规》第5.5.2条：建筑内的安全出口和疏散门应分散布置。本条条文解释：对于安全出口和疏散门的布置，一般要使人员在建筑着火后能有多个不同方向的疏散路线可供选择和疏散，要尽量将疏散出口均匀分散布置在平面上的不同方位。

23. 疏散宽度与疏散距离如何匹配（二）

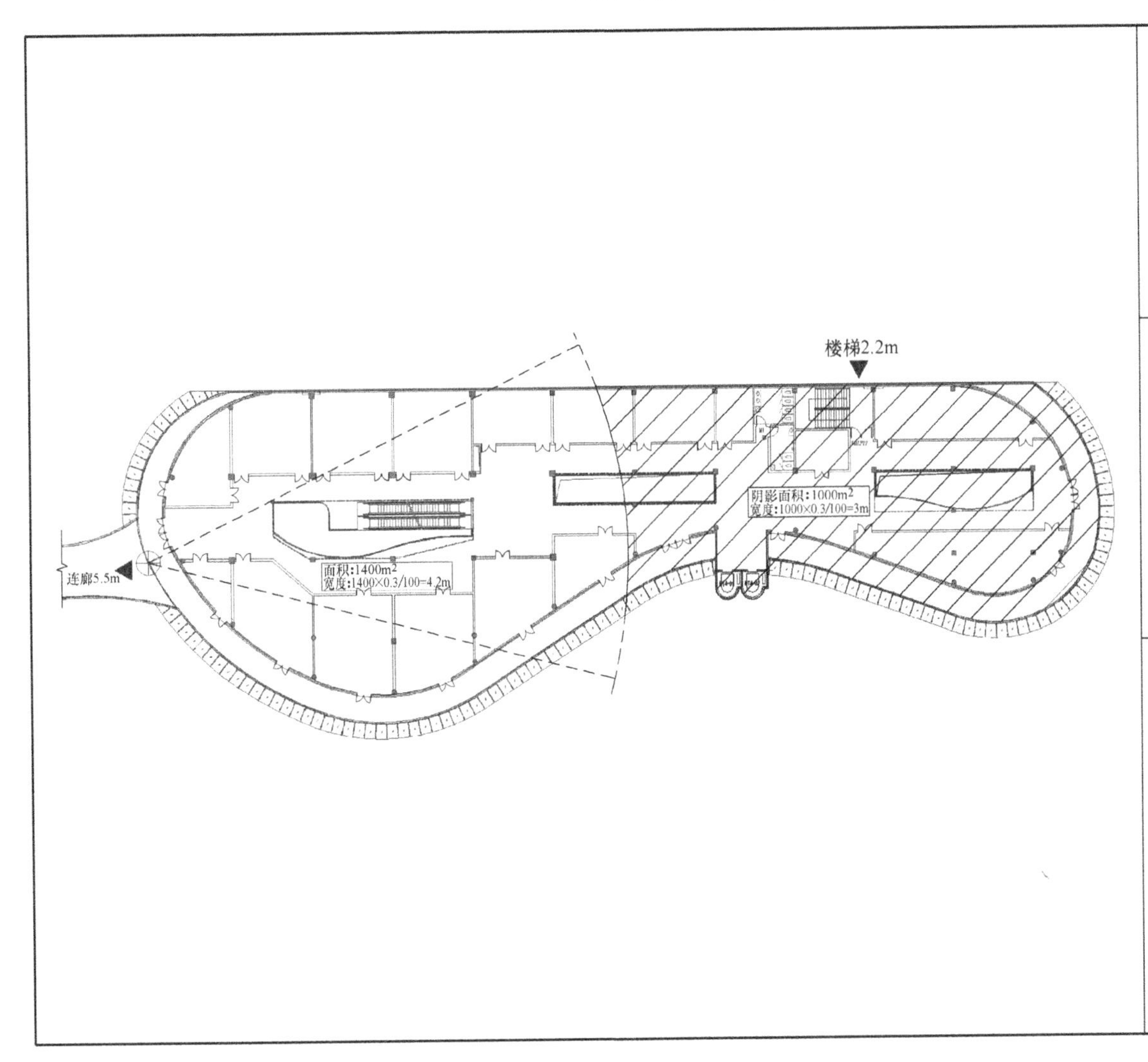

案例描述：

某商业建筑的第4层建筑面积2400m²，需要疏散宽度为：2400×0.3/100=7.2m。利用1部封闭楼梯间及通向相邻建筑的连廊做安全出口，其中封闭楼梯间疏散宽度2.2m，连廊疏散宽度5.5m，二者宽度之和7.7m>7.2m。

分析及解决：

1. 仅核算了防火分区的总疏散宽度，未考虑单个安全出口有效疏散距离内的建筑面积所需要的疏散宽度。疏散宽度是有效疏散距离内的宽度，二者应相互匹配。

2. 可在适当位置增加疏散楼梯，或增加现有楼梯的疏散宽度。

相关规范：

《建规》第5.5.2条：建筑内的安全出口和疏散门应分散布置。本条条文解释：对于安全出口和疏散门的布置，一般要使人员在建筑着火后能有多个不同方向的疏散路线可供选择和疏散，要尽量将疏散出口均匀分散布置在平面上的不同方位。

24. 住宅建筑是否可以电梯直接入户

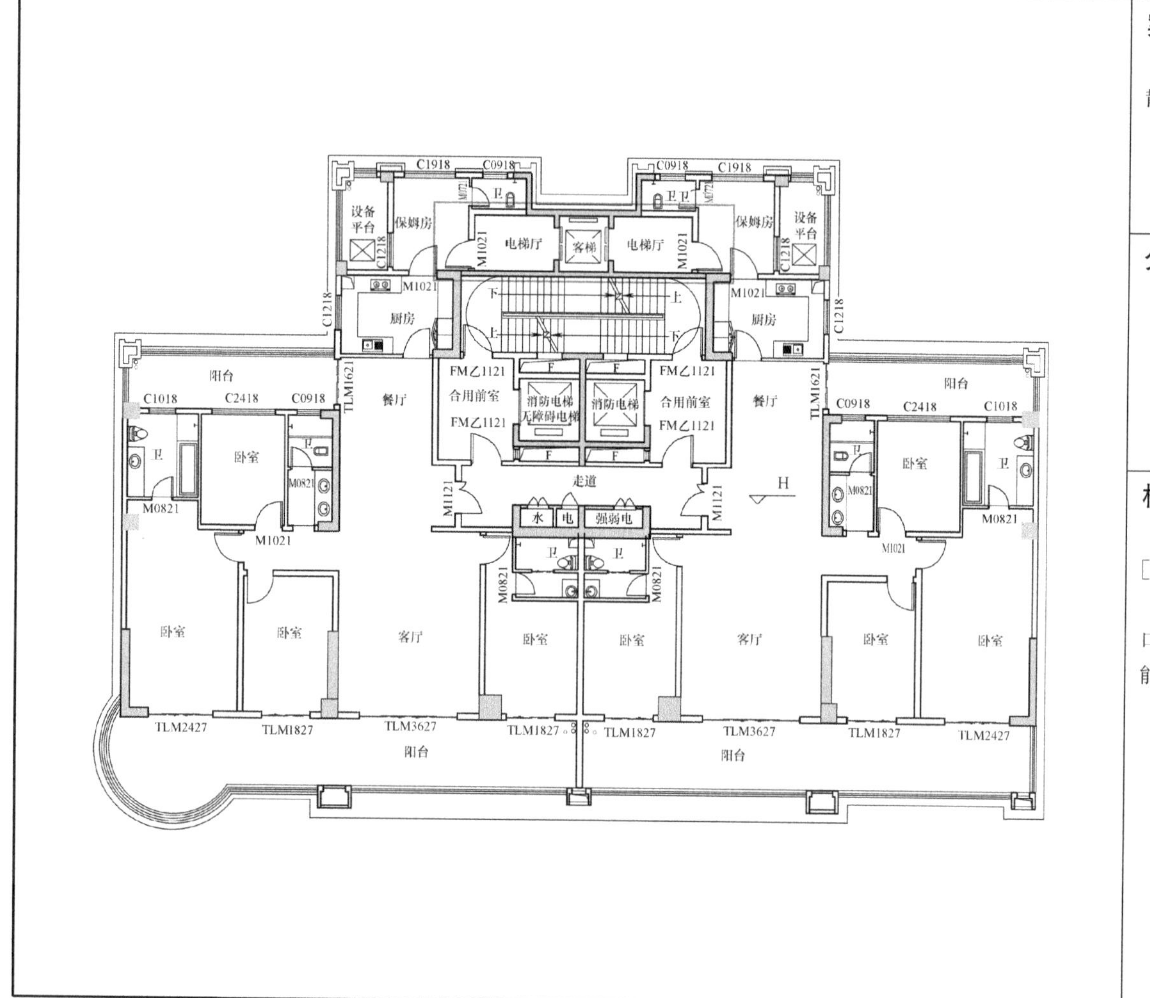

案例描述：

高层住宅为保姆出入设置的电梯厅，无安全疏散口。

分析及解决：

调整户型方案。

相关规范：

1. 根据国家市场监督管理总局办公厅文件［2018］37号，电梯直接入户的户型不予验收。

2.《建规》第5.5.2条条文解释：对于安全出口和疏散门的布置，一般要使人员在建筑着火后能有多个不同方向的疏散路线可供选择和疏散。

25. 安全出口在室外的水平距离是否需要满足 5m

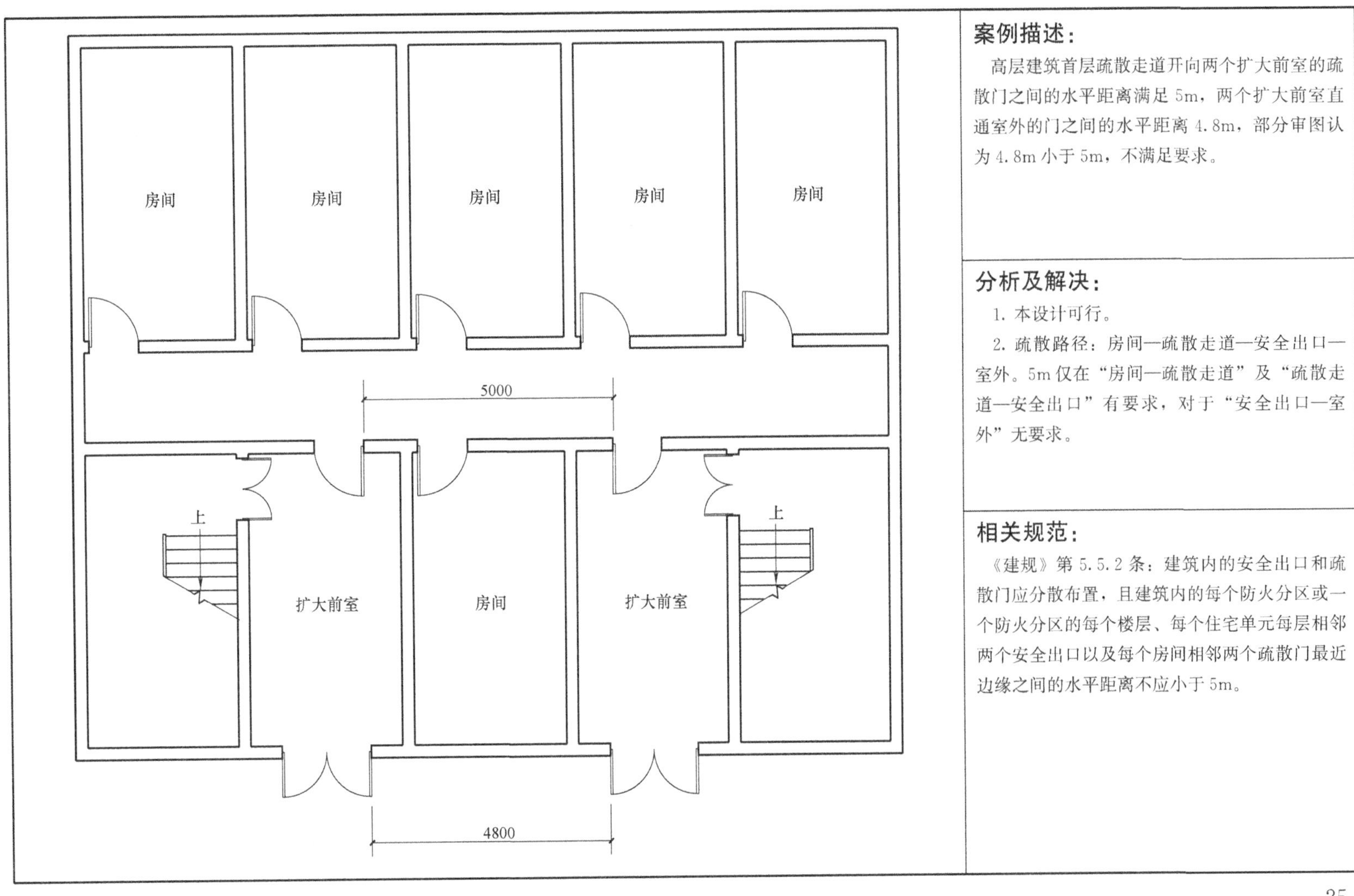

案例描述：

高层建筑首层疏散走道开向两个扩大前室的疏散门之间的水平距离满足 5m，两个扩大前室直通室外的门之间的水平距离 4.8m，部分审图认为 4.8m 小于 5m，不满足要求。

分析及解决：

1. 本设计可行。

2. 疏散路径：房间—疏散走道—安全出口—室外。5m 仅在“房间—疏散走道”及“疏散走道—安全出口”有要求，对于“安全出口—室外”无要求。

相关规范：

《建规》第 5.5.2 条：建筑内的安全出口和疏散门应分散布置，且建筑内的每个防火分区或一个防火分区的每个楼层、每个住宅单元每层相邻两个安全出口以及每个房间相邻两个疏散门最近边缘之间的水平距离不应小于 5m。

26. 为何禁止前室穿套

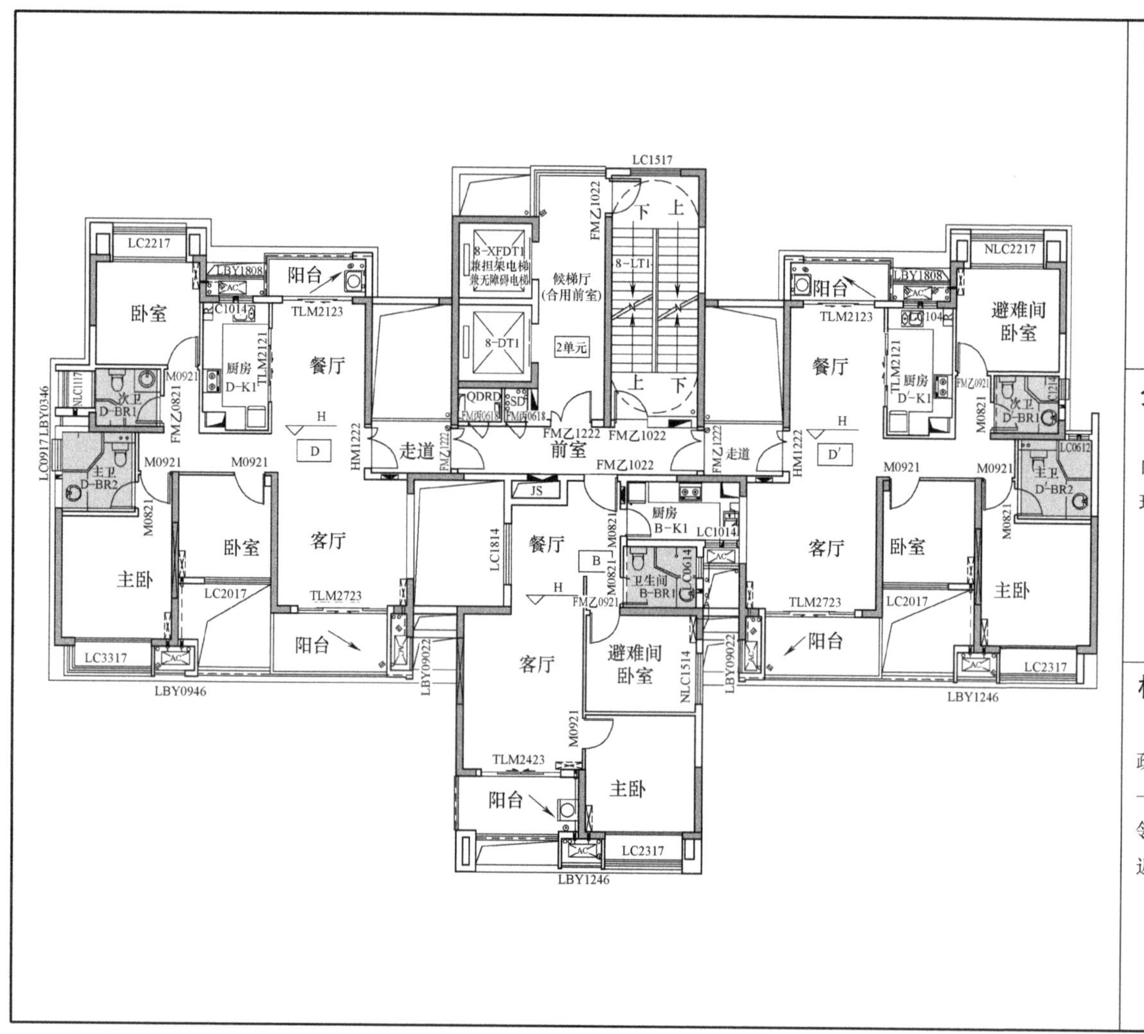

案例描述：

前室穿套。

分析及解决：

疏散原则是从房间疏散门—疏散走道—安全出口—室外安全区域，在疏散走道—安全出口这个环节应满足有2个安全出口可选。

相关规范：

《建规》第5.5.2条：建筑内的安全出口和疏散门应分散布置，且建筑内的每个防火分区或一个防火分区的每个楼层、每个住宅单元每层相邻两个安全出口以及每个房间相邻两个疏散门最近边缘之间的水平距离不应小于5m。

27. 防护挑檐的有效长度如何控制

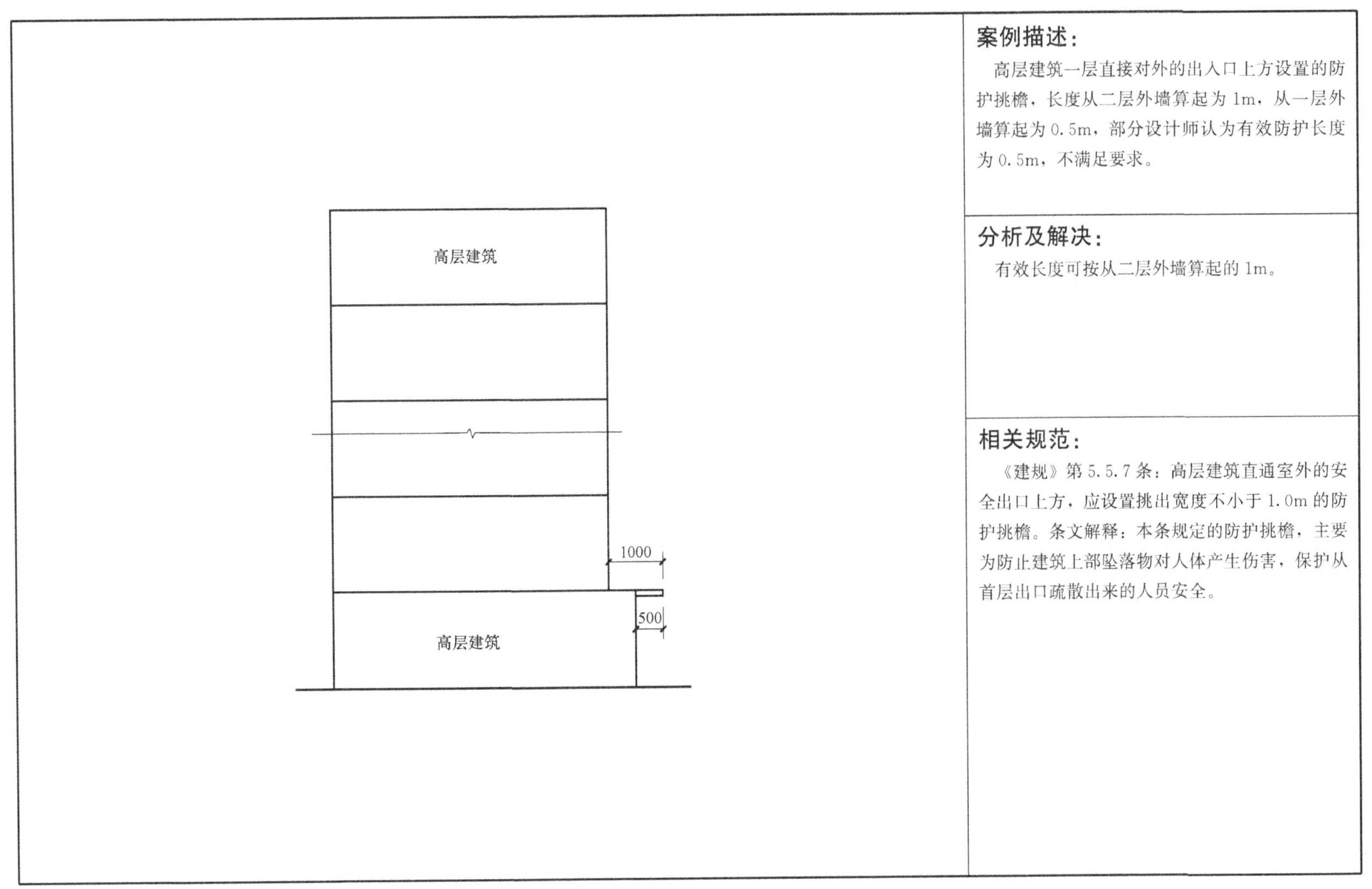

案例描述：

高层建筑一层直接对外的出入口上方设置的防护挑檐，长度从二层外墙算起为 1m，从一层外墙算起为 0.5m，部分设计师认为有效防护长度为 0.5m，不满足要求。

分析及解决：

有效长度可按从二层外墙算起的 1m。

相关规范：

《建规》第 5.5.7 条：高层建筑直通室外的安全出口上方，应设置挑出宽度不小于 1.0m 的防护挑檐。条文解释：本条规定的防护挑檐，主要为防止建筑上部坠落物对人体产生伤害，保护从首层出口疏散出来的人员安全。

28. 售楼部是否可采用开敞楼梯进行疏散

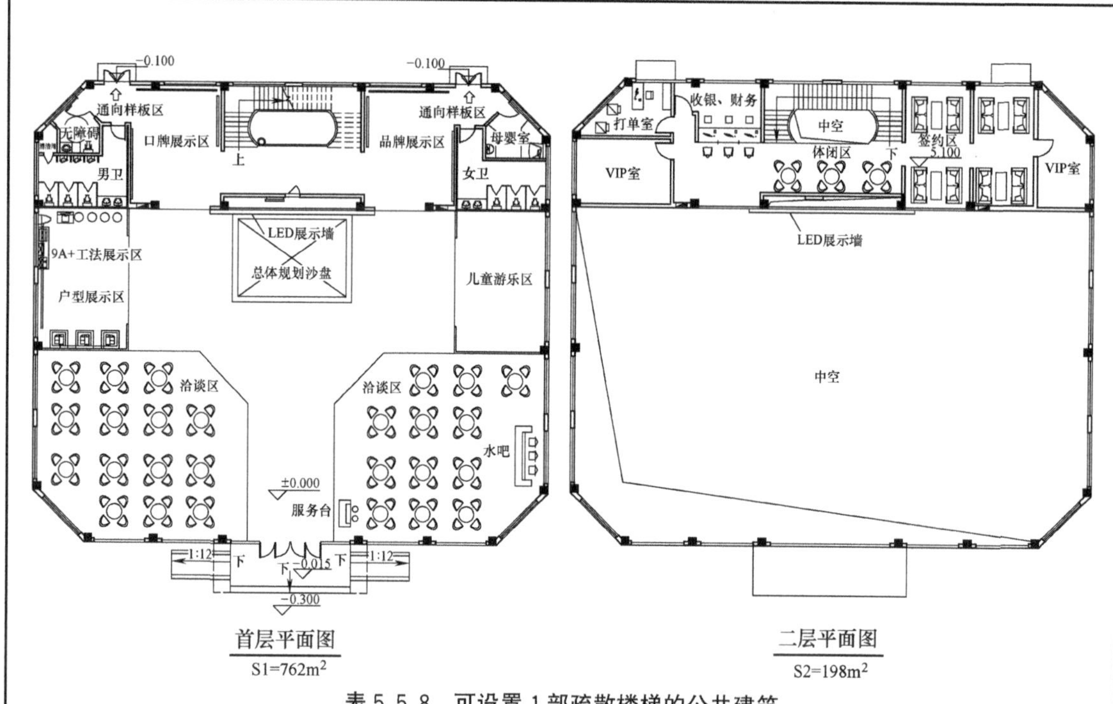

表 5.5.8 可设置 1 部疏散楼梯的公共建筑

耐火等级	最多层数	每层最大建筑面积（m^2）	人数
一、二级	3 层	200	第二、三层的人数之和不超过 50 人
三级	3 层	200	第二、三层的人数之和不超过 25 人
四级	2 层	200	第二层人数不超过 15 人

案例描述：

二层售楼部采用了一部开敞楼梯做安全出口。

分析及解决：

设置两部封闭楼梯间。

相关规范：

1. 《建规》表 5.5.8。

2. 《全国民用建筑工程设计技术措施 2009-规划·建筑·景观》第二部分第 8.1.2 条第 2 款：开敞楼梯是指在建筑内部没有墙体、门窗或其他建筑构配件分隔的楼梯，火灾发生时，它不能阻止烟、火的蔓延，不能保证使用者的安全，只能作为楼层空间的垂直联系。

29. 借用疏散宽度时防火分区之间是否可采用防火卷帘

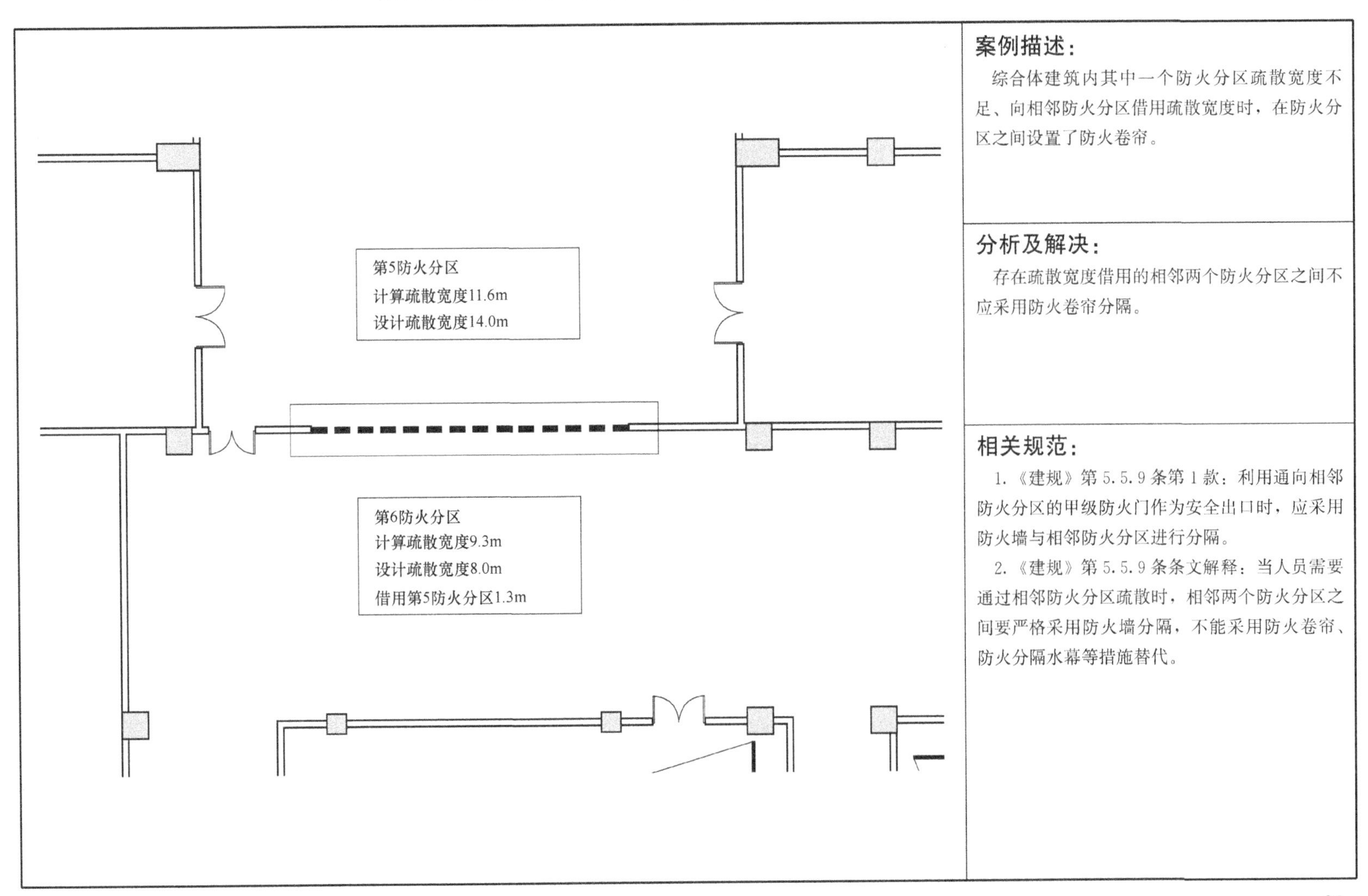

案例描述：

综合体建筑内其中一个防火分区疏散宽度不足、向相邻防火分区借用疏散宽度时，在防火分区之间设置了防火卷帘。

分析及解决：

存在疏散宽度借用的相邻两个防火分区之间不应采用防火卷帘分隔。

相关规范：

1.《建规》第5.5.9条第1款：利用通向相邻防火分区的甲级防火门作为安全出口时，应采用防火墙与相邻防火分区进行分隔。

2.《建规》第5.5.9条条文解释：当人员需要通过相邻防火分区疏散时，相邻两个防火分区之间要严格采用防火墙分隔，不能采用防火卷帘、防火分隔水幕等措施替代。

30. 地下车库是否可利用1部剪刀楼梯间作为2个安全出口

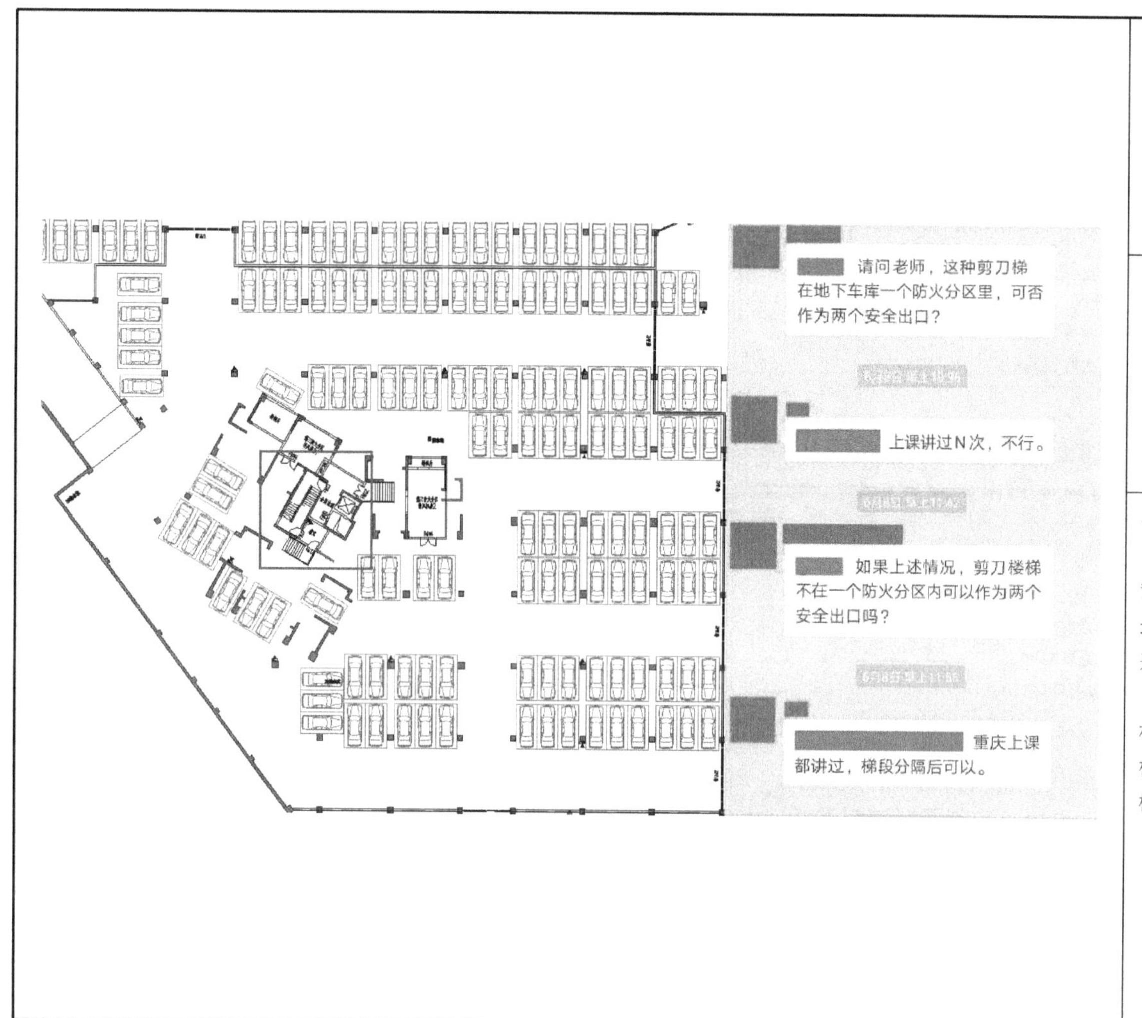

案例描述：

地下车库一个防火分区内利用一个剪刀楼梯作为2个安全出口。

分析及解决：

剪刀梯在特殊情况下可以作为2个安全出口，其他情况不能作为2个安全出口使用，应增加安全出口。

相关规范：

1.《建规》第5.5.10条：高层公共建筑的疏散楼梯，当分散设置确有困难且从任一疏散门至最近疏散楼梯间入口的距离不大于10m时，可采用剪刀楼梯间。

2.《建规》第5.5.28条：住宅单元的疏散楼梯，当分散设置确有困难且任一户门至最近疏散楼梯间入口的距离不大于10m时，可采用剪刀楼梯间。

31. 多层公共建筑设剪刀楼梯间的原则

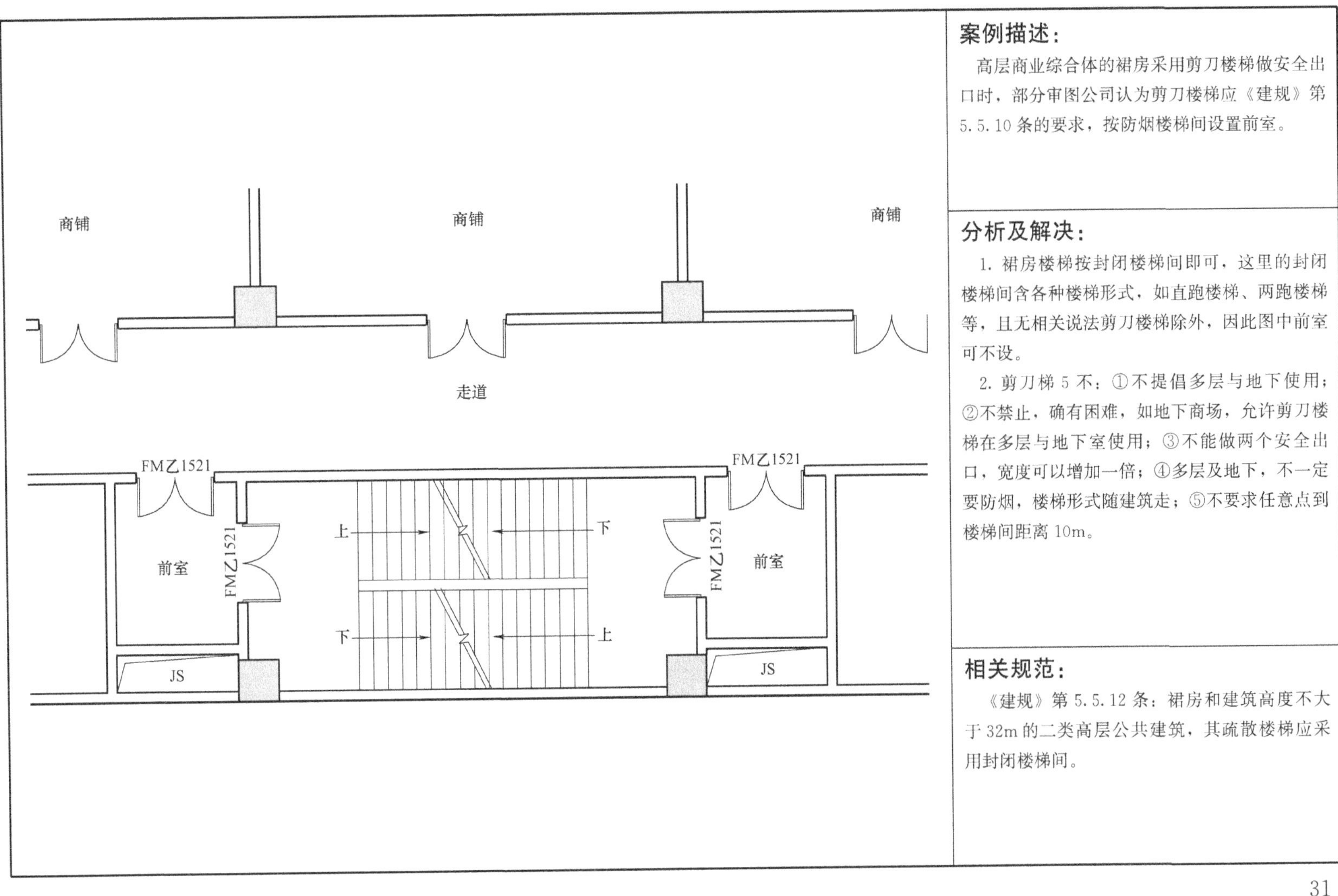

案例描述：

高层商业综合体的裙房采用剪刀楼梯做安全出口时，部分审图公司认为剪刀楼梯应《建规》第5.5.10条的要求，按防烟楼梯间设置前室。

分析及解决：

1. 裙房楼梯按封闭楼梯间即可，这里的封闭楼梯间含各种楼梯形式，如直跑楼梯、两跑楼梯等，且无相关说法剪刀楼梯除外，因此图中前室可不设。

2. 剪刀梯5不：①不提倡多层与地下使用；②不禁止，确有困难，如地下商场，允许剪刀楼梯在多层与地下室使用；③不能做两个安全出口，宽度可以增加一倍；④多层及地下，不一定要防烟，楼梯形式随建筑走；⑤不要求任意点到楼梯间距离10m。

相关规范：

《建规》第5.5.12条：裙房和建筑高度不大于32m的二类高层公共建筑，其疏散楼梯应采用封闭楼梯间。

32. 裙房的疏散楼梯性质是否必须与建筑主体的疏散楼梯性质一致

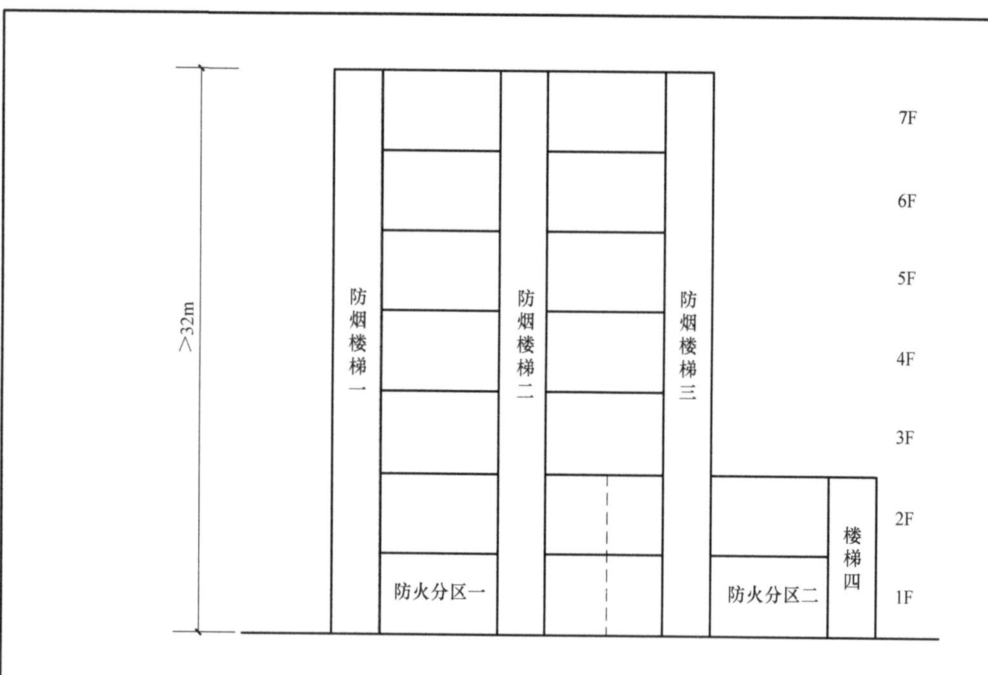

审图意见：根据《建筑设计防火规范》GB 50016—2014（2018 年版）的要求：一类高层公共建筑和建筑高度大于 32m 的二类高层公共建筑，其疏散楼梯应采用防烟楼梯间。裙房和建筑高度不大于 32m 的二类高层公共建筑，其疏散楼梯应采用封闭楼梯间。裙房和建筑高度不大于 32m 的二类高层公共建筑，其疏散楼梯应采用封闭楼梯间。注：当裙房与高层建筑主体之间设置防火墙时，裙房的疏散楼梯可按本规范有关单、多层建筑的要求确定。本工程一～四层平面图中，裙房与高层建筑主体之间未设置防火墙，裙房的楼梯间却采用封闭楼梯间，不能满足规范要求，请修改。

案例描述：

某高层公共建筑主体设 3 部防烟楼梯间，在裙房处增加了楼梯四，裙房每层划分为两个防火分区（图中虚线为防火墙），审图公司认为楼梯四应按防烟楼梯间设计。

分析及解决：

1. 规范从未规定防火分区内楼梯性质必须一致。

2. 《建规》对于裙房采用封闭楼梯间并未加任何限制，裙房楼梯最高为封闭楼梯间。

相关规范：

《建规》第 5.5.12 条：裙房和建筑高度不大于 32m 的二类高层公共建筑，其疏散楼梯应采用封闭楼梯间。

33. 裙房的疏散距离如何控制

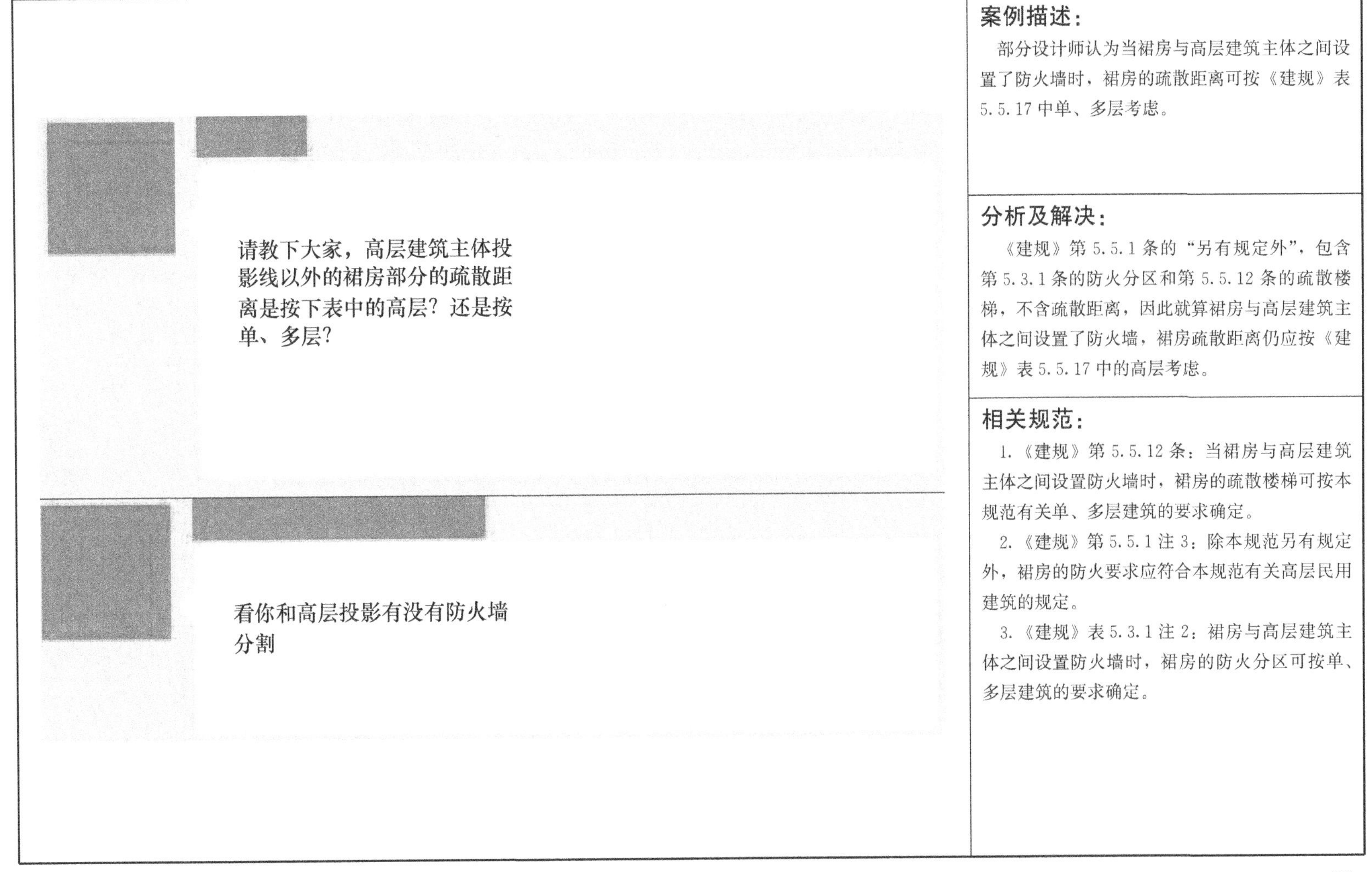

案例描述：

部分设计师认为当裙房与高层建筑主体之间设置了防火墙时，裙房的疏散距离可按《建规》表5.5.17中单、多层考虑。

分析及解决：

《建规》第5.5.1条的“另有规定外”，包含第5.3.1条的防火分区和第5.5.12条的疏散楼梯，不含疏散距离，因此就算裙房与高层建筑主体之间设置了防火墙，裙房疏散距离仍应按《建规》表5.5.17中的高层考虑。

相关规范：

1.《建规》第5.5.12条：当裙房与高层建筑主体之间设置防火墙时，裙房的疏散楼梯可按本规范有关单、多层建筑的要求确定。

2.《建规》第5.5.1注3：除本规范另有规定外，裙房的防火要求应符合本规范有关高层民用建筑的规定。

3.《建规》表5.3.1注2：裙房与高层建筑主体之间设置防火墙时，裙房的防火分区可按单、多层建筑的要求确定。

34. 裙房的百人宽度计算如何取值

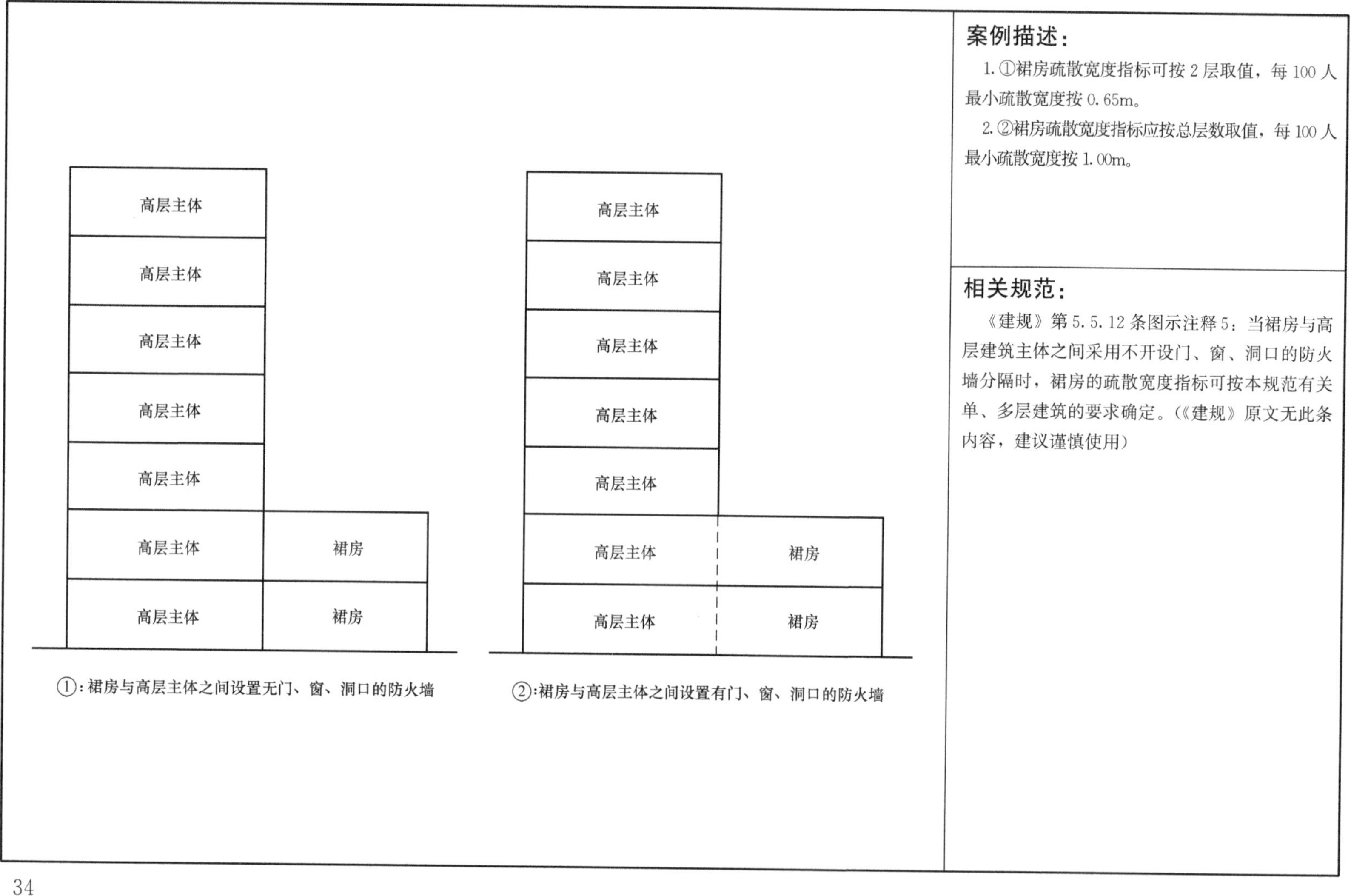

案例描述:

1. ①裙房疏散宽度指标可按 2 层取值，每 100 人最小疏散宽度按 0.65m。

2. ②裙房疏散宽度指标应按总层数取值，每 100 人最小疏散宽度按 1.00m。

相关规范:

《建规》第 5.5.12 条图示注释 5：当裙房与高层建筑主体之间采用不开设门、窗、洞口的防火墙分隔时，裙房的疏散宽度指标可按本规范有关单、多层建筑的要求确定。(《建规》原文无此条内容，建议谨慎使用)

35. 尽端式房间疏散门门洞宽 1500mm 时是否满足净宽度 1400mm 的要求

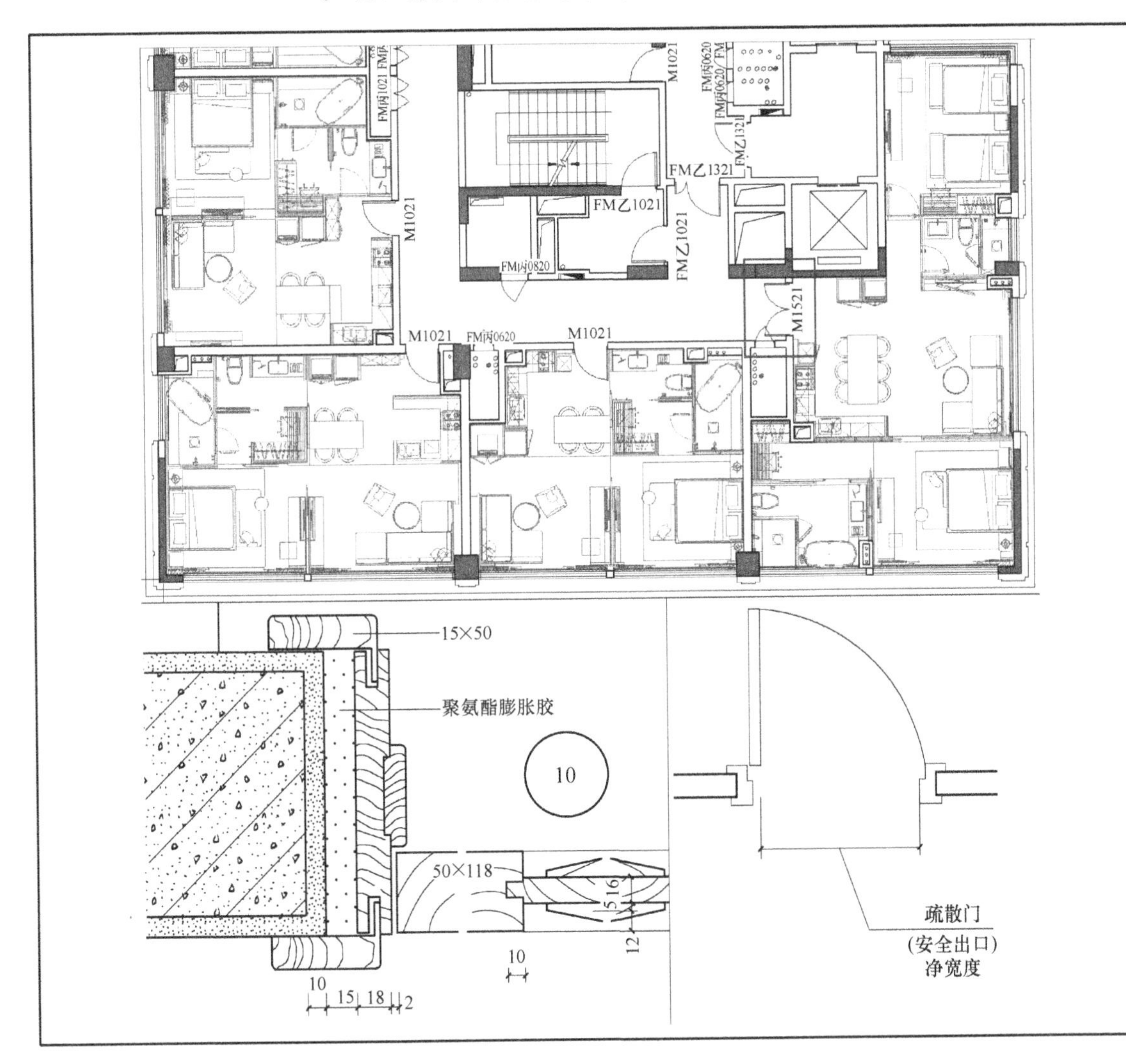

案例描述：

高层酒店尽端式客房面积大于 50m^2，疏散门采用 1500mm 宽双开板框平开装饰门，未考虑门框安装及门扇开启对净宽的影响（10＋15＋18＋2＋35）×2＝160mm，门扇开启后净宽不满足 1400mm。

分析及解决：

加大门洞及门扇宽度，确保净宽≥1.4m。一般净宽按单门＋150、双门＋200 控制。

相关规范：

《建规》第 5.5.15 条第 2 款：位于走道尽端的房间，建筑面积小于 50m^2 且疏散门的净宽度不小于 0.90m，或由房间内任一点至疏散门的直线距离不大于 15m、建筑面积不大于 200m^2 且疏散门的净宽度不小于 1.40m。

36. 1200座礼堂的疏散门数量、宽度如何计算

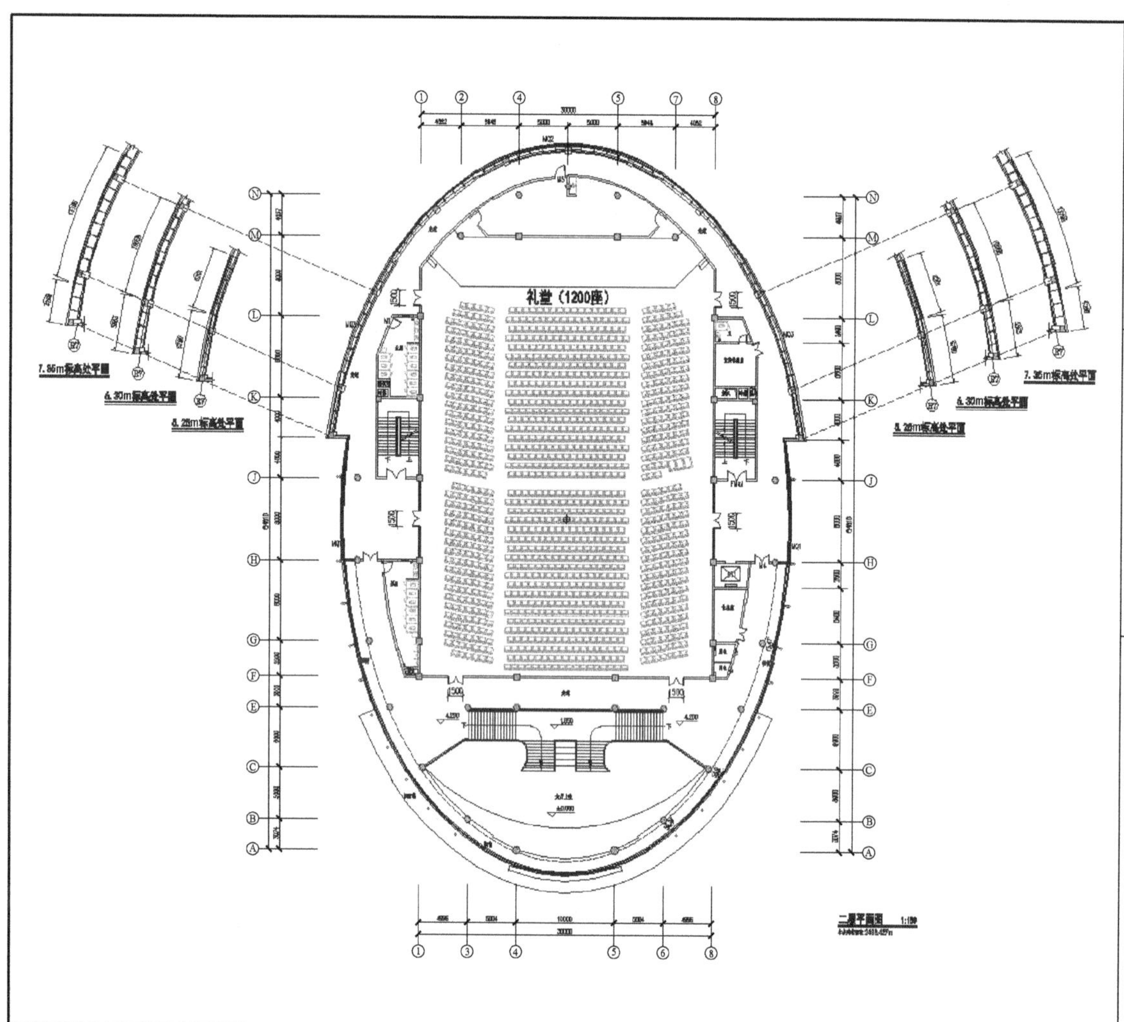

案例描述：

1200座的礼堂，设置了6个1500mm宽的疏散门，按疏散宽度0.55m/股，每个门可同时疏散2股人流，每股人流通过能力按40人/min计算，2min内6个门的总疏散人数为：2×6×2×40=960人＜1200人，在火灾危险来临时间之前，不能全员疏散。

分析及解决：

1. 增加门的有效宽度，由1.5增加至1.65，每个门同时疏散的人流股数为3股，2min内6个门的总疏散人数为：2×6×3×40=1440人＞1200人，且每个门的疏散人数1200/6=200人＜250人。

2. 疏散门宽度不变，增加疏散门的数量：1200/2/40/2=7.5，按8个门。

相关规范：

1.《建规》第5.5.16条条文解释：本条有关疏散门数量的规定，是以人员从一、二级耐火等级建筑的观众厅疏散出去的时间不大于2min，从三级耐火等级建筑的观众厅疏散出去的时间不大于1.5min为原则确定的。

2.《建规》第5.5.16条条文解释：池座和楼座每股人流通过能力按40人/min计算（池座平坡地面按43人/min，楼座阶梯地面按37人/min）。

37. 裙房与建筑主体采用防火墙完全分隔时裙房楼梯是否可通过长度不超 15m 的走道通向室外

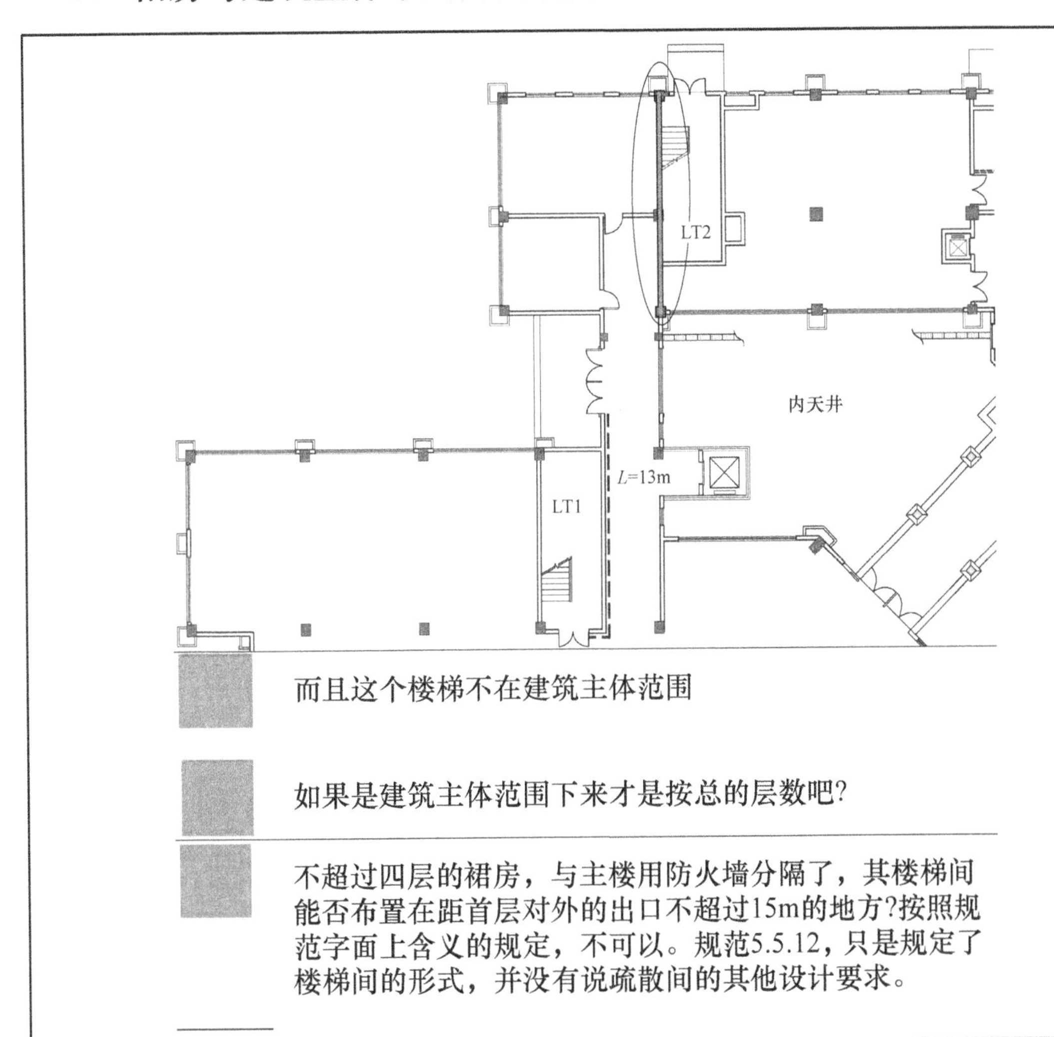

案例描述：

高层旅馆的主体与 3 层裙房之间设置了防火墙时（如图椭圆范围），裙房 LT1 的楼梯门设置在距离直通室外的安全出口 13m 处。

分析及解决：

1. 应按建筑总层数考虑，与主体和裙房之间是否设置了防火墙分隔无关。大于 4 层时 LT1 应直通室外或采用扩大的封闭楼梯间。

2. 如高层部分为住宅建筑，裙房部分不超过 4 层时，LT1 可以通过长度不大于 15m 的走道通向室外。

相关规范：

1.《建规》第 5.5.17 条第 2 款：楼梯间应在首层直通室外，确有困难时，可在首层采用扩大的封闭楼梯间或防烟楼梯间前室。当层数不超过 4 层且未采用扩大的封闭楼梯间或防烟楼梯间前室时，可将直通室外的门设置在离楼梯间不大于 15m 处。

2.《建规》修订版此处修改为：层数不超过 4 层且未采用扩大的封闭楼梯间或防烟楼梯间前室时的多层公共建筑内的楼梯间门，距离建筑首层直通室外的门口不应大于 15m。

38. 歌舞娱乐厅是否可按大空间设计

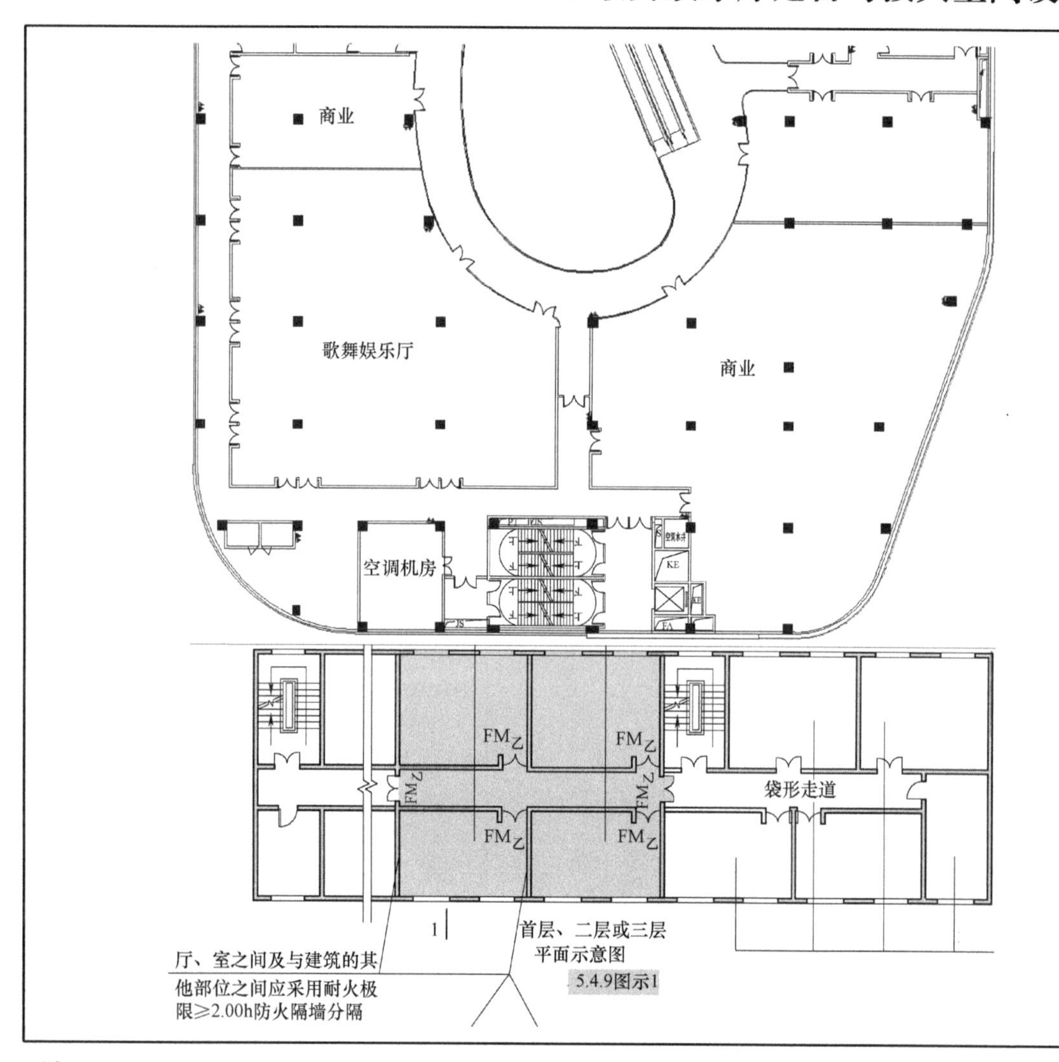

案例描述：

1. 设置在综合体建筑内采用背走道疏散的歌舞娱乐厅（与中庭回廊连接的甲级防火门火灾时自动关闭，不能作为疏散门），厅内最远点到疏散门的距离按大空间的37.5m设计，远大于9（11.25）m。

2. 歌舞娱乐厅与建筑其他部位未设置防火分隔。

分析及解决：

1. 歌舞娱乐厅不应按大空间设计，厅内最远点到疏散门的距离应按《建规》表5.5.17中相关场所规定的袋形走道两侧或尽端的疏散门至最近安全出口的直线距离控制。

2. 与建筑其他部位设置防火分隔措施，防火隔墙上的门采用乙级防火门。

相关规范：

1.《建规》第5.5.17条第4款条文解释：本条中的"观众厅、展览厅、多功能厅、餐厅、营业厅等"场所，包括开敞式办公区、会议报告厅、宴会厅、观演建筑的序厅、体育建筑的入场等候与休息厅等，不包括用作舞厅和娱乐场所的多功能厅。

2.《建规》第5.4.9条第6款：厅、室之间及建筑的其他部位之间，应采用耐火极限不低于2.00h的防火隔墙和1.00h的不燃性楼板分隔，设置在厅、室墙上的门和该场所与建筑内其他部位相通的门均应采用乙级防火门。

3. 公津建字［2016］02号：对于歌舞娱乐放映游艺场所中直接与安全出口连通的敞开式空间内的疏散距离本规范未规定。

39. 儿童活动场所是否可按大空间设计

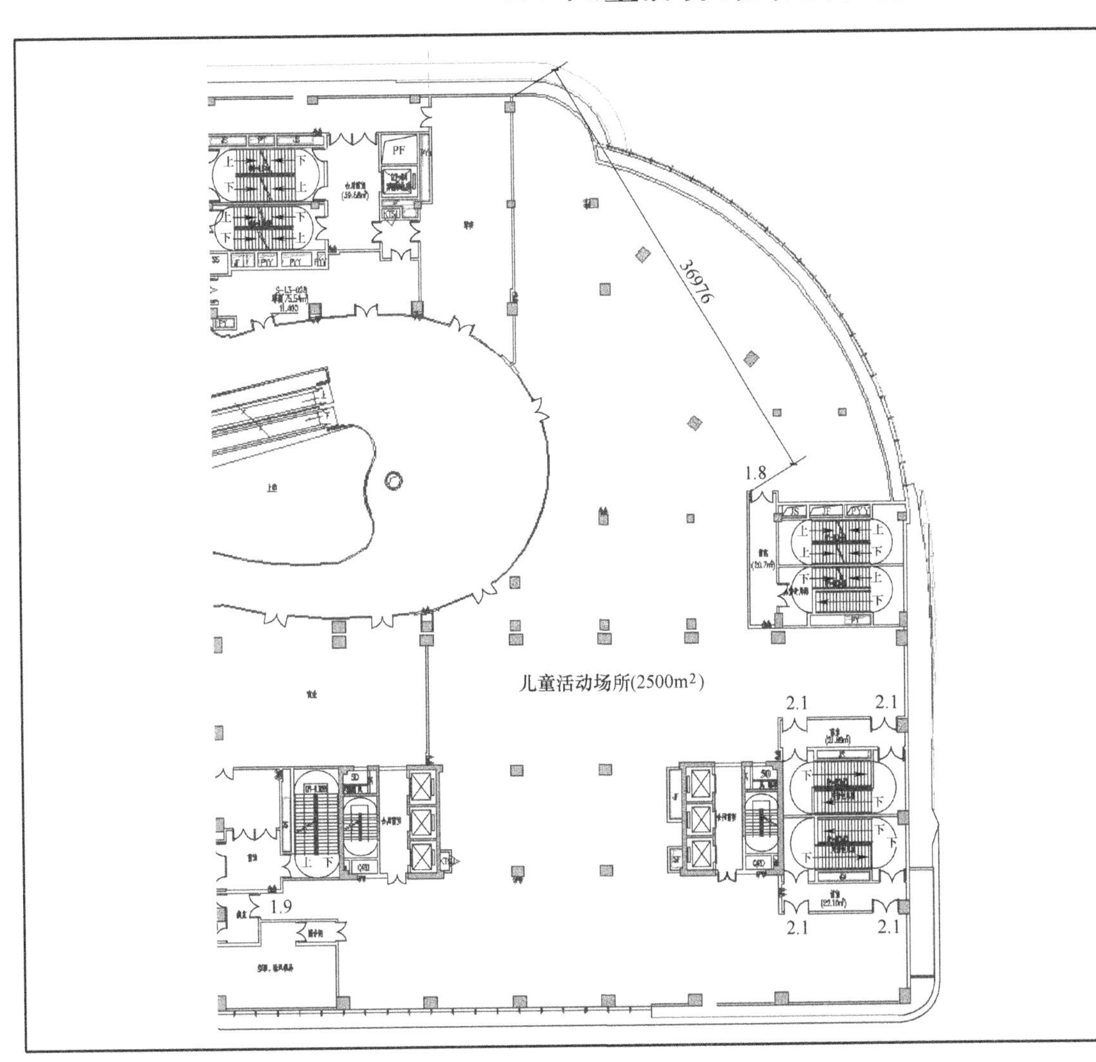

案例描述：

设置在综合体建筑内采用背走道疏散的儿童活动场所（与中庭回廊连接的甲级防火门火灾时自动关闭，不能作为疏散门），房间内最远点到疏散门的距离按大空间的 37.5m 设计，远大于 20（25）m。

分析及解决：

儿童活动场所不应按大空间设计，房间内最远点到疏散门的距离应按《建规》表 5.5.17 中相关场所规定的袋形走道两侧或尽端的疏散门至最近安全出口的直线距离控制。

相关规范：

公津建字［2015］39 号：除本规范第 5.5.17 条第 4 款规定的观众厅、展览厅、多功能厅、餐厅、营业厅之外的其他厅室，包括歌舞娱乐放映游艺场所和儿童活动场所等，其室内任一点至最近疏散门或安全出口的直线距离应符合本规范第 5.5.17 条第 3 款的规定。

40. 按大空间设计的疏散门到安全出口的距离如何控制

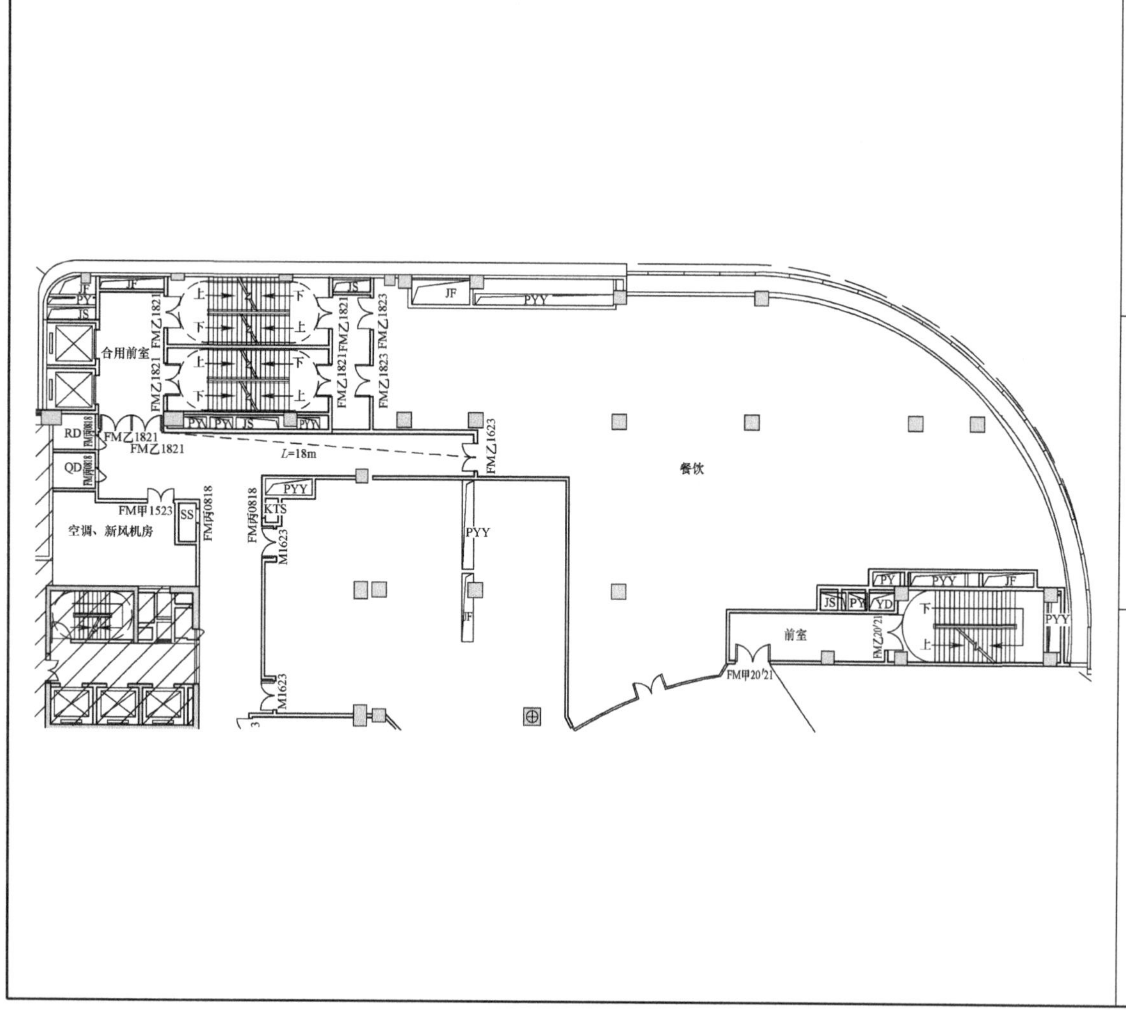

案例描述：

设置在综合体建筑内采用背走道疏散的大空间餐饮（与中庭回廊连接的甲级防火门火灾时自动关闭，不能作为疏散门），开向疏散走道的疏散门至最近安全出口的疏散距离 $L=18$m，为无效疏散门。

分析及解决：

控制 L 不大于 12.5m。

相关规范：

《建规》第 5.5.17 条第 4 款：一、二级耐火等级建筑内疏散门或安全出口不少于 2 个的观众厅、展览厅、多功能厅、餐厅、营业厅等，其室内任一点至最近疏散门或安全出口的直线距离不应大于 30m；当疏散门不能直通室外地面或疏散楼梯间时，应采用长度不大于 10m 的疏散走道通至最近的安全出口。当该场所设置自动喷水灭火系统时，室内任一点至最近安全出口的安全疏散距离可分别增加 25%。

41. 阳台是否需要计算疏散距离

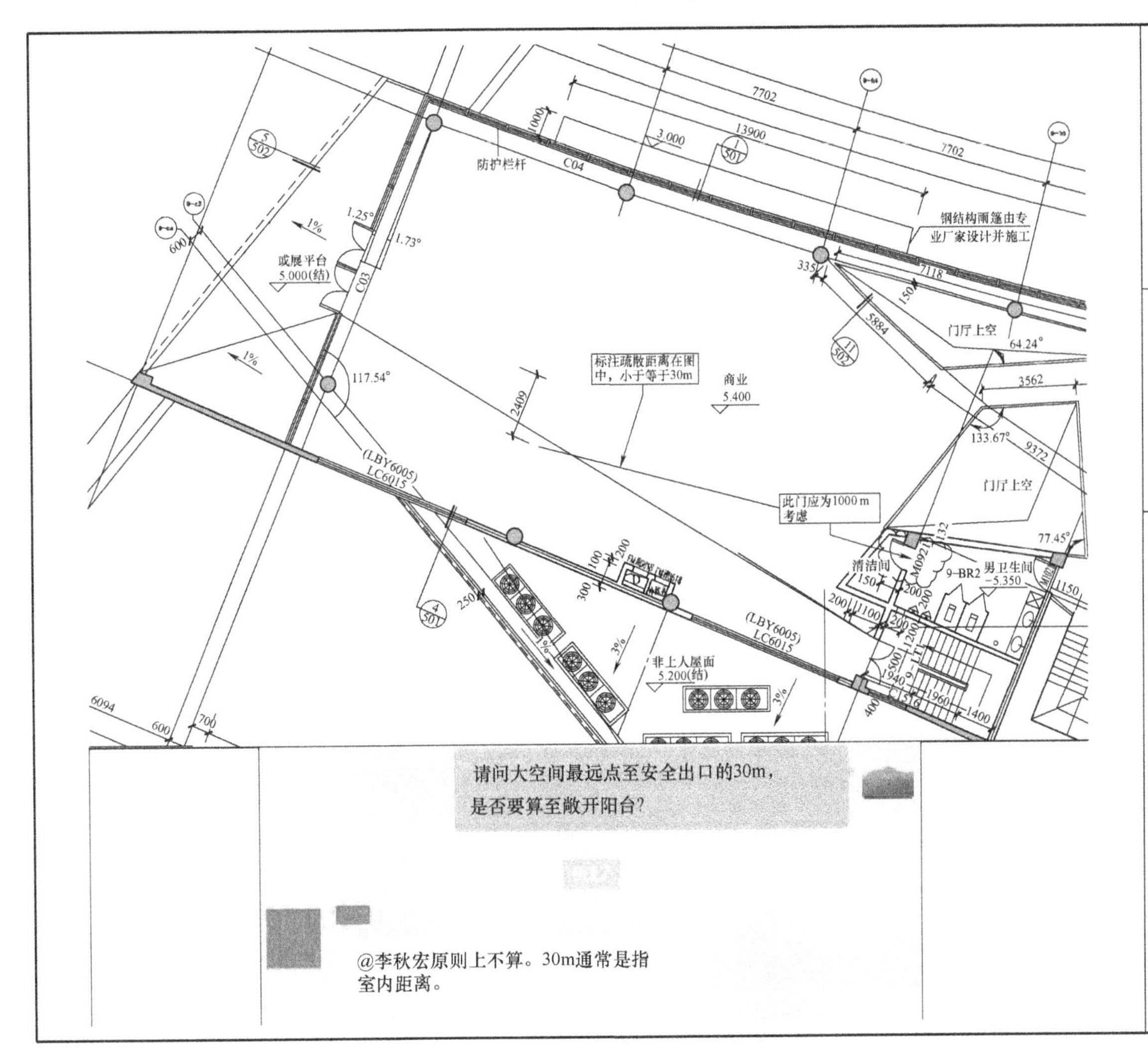

案例描述：

1. 某设计院总工要求大空间商业的 30m 疏散距离应从阳台最远点算至楼梯间。

2. 某设计院总工要求设置在男卫生间内的清洁间的门净宽按疏散门的净宽 900mm 考虑。

分析及解决：

1. 可不从阳台最远点起算。

2. 可不按疏散门考虑。

相关规范：

1.《建规》第 5.5.17 条第 4 款：一、二级耐火等级建筑内疏散门或安全出口不少于 2 个的观众厅、展览厅、多功能厅、餐厅、营业厅等，其室内任一点至最近疏散门或安全出口的直线距离不应大于 30m。

2.《民用建筑设计术语标准》GB/T 50504 第 2.6.16 条阳台：附建于建筑物外墙设有栏杆或栏板，可供人活动的室外空间。

3.《建规》第 5.5.8 条条文解释：疏散门是房间直接通向疏散走道的房门、直接开向疏散楼梯间的门（如住宅的户门）或室外的门，不包括套间内的隔间门或住宅套内的房间门。

42. 高层建筑的楼段净宽度与楼梯门净宽度如何匹配

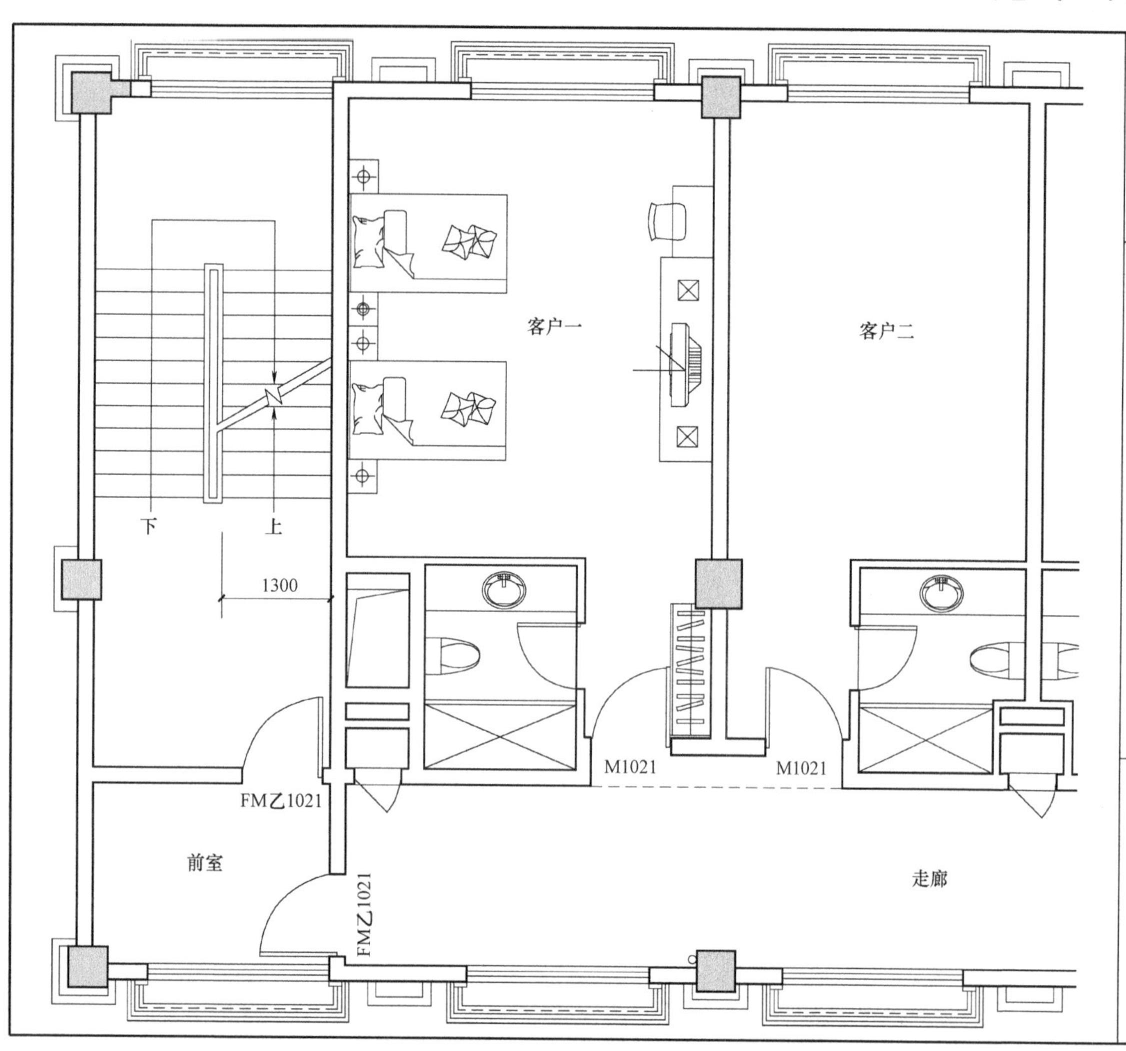

案例描述：

标准层40个床位的高层旅馆建筑，部分设计师认为防烟楼梯间前室门及楼梯门的宽度应与梯段宽度相匹配，1000mm应加大到1300mm。

分析及解决：

1. 前室门及楼梯间门的净宽应经计算确定，且不小900mm。

2. 前室门及楼梯间门的净宽与梯段宽度的关系：（以本高层旅馆为例）

①计算疏散宽度≤900mm时，前室门及楼梯门的宽度900mm，梯段宽度1200mm；

②计算疏散宽度900～1200mm时，前室门及楼梯门的宽度按计算值，楼梯段宽度1200mm；

③计算疏散宽度≥1200mm时，前室门、楼梯门及梯段的宽度均按计算值。

相关规范：

《建规》第5.5.18条条文解释：设计应注意门宽与走道、楼梯宽度的匹配。一般走道的宽度均较宽，因此，当以门宽为计算宽度时，楼梯的宽度不应小于门的宽度；当以楼梯的宽度为计算宽度时，门的宽度不应小于楼梯的宽度。

43. 商业建筑的背走道宽度如何设计

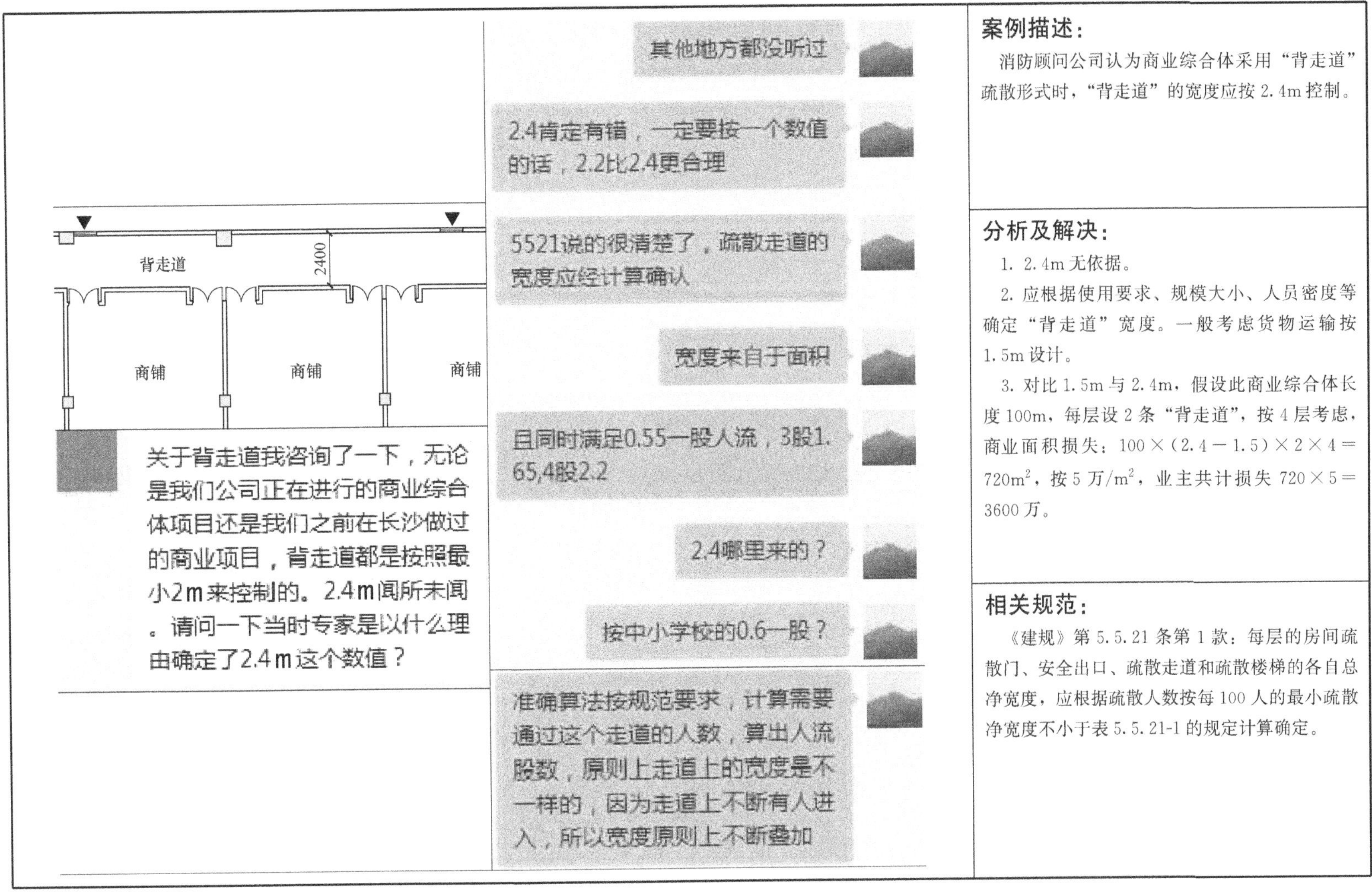

案例描述：

消防顾问公司认为商业综合体采用“背走道”疏散形式时，“背走道”的宽度应按 2.4m 控制。

分析及解决：

1. 2.4m 无依据。

2. 应根据使用要求、规模大小、人员密度等确定“背走道”宽度。一般考虑货物运输按 1.5m 设计。

3. 对比 1.5m 与 2.4m，假设此商业综合体长度 100m，每层设 2 条“背走道”，按 4 层考虑，商业面积损失：$100\times(2.4-1.5)\times2\times4=720\text{m}^2$，按 5 万/$\text{m}^2$，业主共计损失 $720\times5=3600$ 万。

相关规范：

《建规》第 5.5.21 条第 1 款：每层的房间疏散门、安全出口、疏散走道和疏散楼梯的各自总净宽度，应根据疏散人数按每 100 人的最小疏散净宽度不小于表 5.5.21-1 的规定计算确定。

44. 双向疏散的走道宽度是否可按计算宽度的 1/2 取值

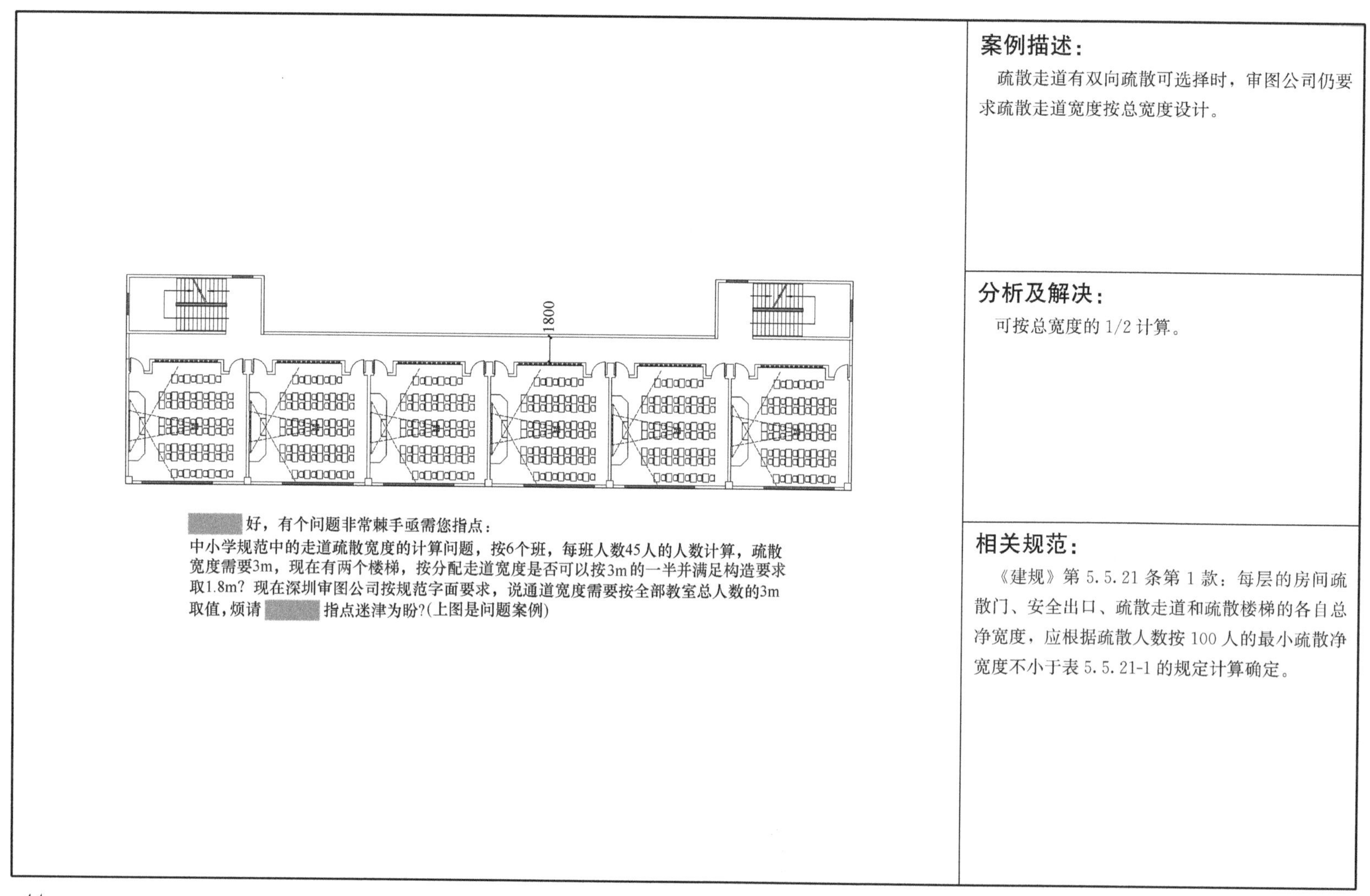

好，有个问题非常棘手亟需您指点：

中小学规范中的走道疏散宽度的计算问题，按6个班，每班人数45人的人数计算，疏散宽度需要3m，现在有两个楼梯，按分配走道宽度是否可以按3m的一半并满足构造要求取1.8m？现在深圳审图公司按规范字面要求，说通道宽度需要按全部教室总人数的3m取值，烦请 指点迷津为盼?(上图是问题案例)

案例描述：

疏散走道有双向疏散可选择时，审图公司仍要求疏散走道宽度按总宽度设计。

分析及解决：

可按总宽度的 1/2 计算。

相关规范：

《建规》第 5.5.21 条第 1 款：每层的房间疏散门、安全出口、疏散走道和疏散楼梯的各自总净宽度，应根据疏散人数按 100 人的最小疏散净宽度不小于表 5.5.21-1 的规定计算确定。

45. 疏散宽度与人流股数的关系（一）

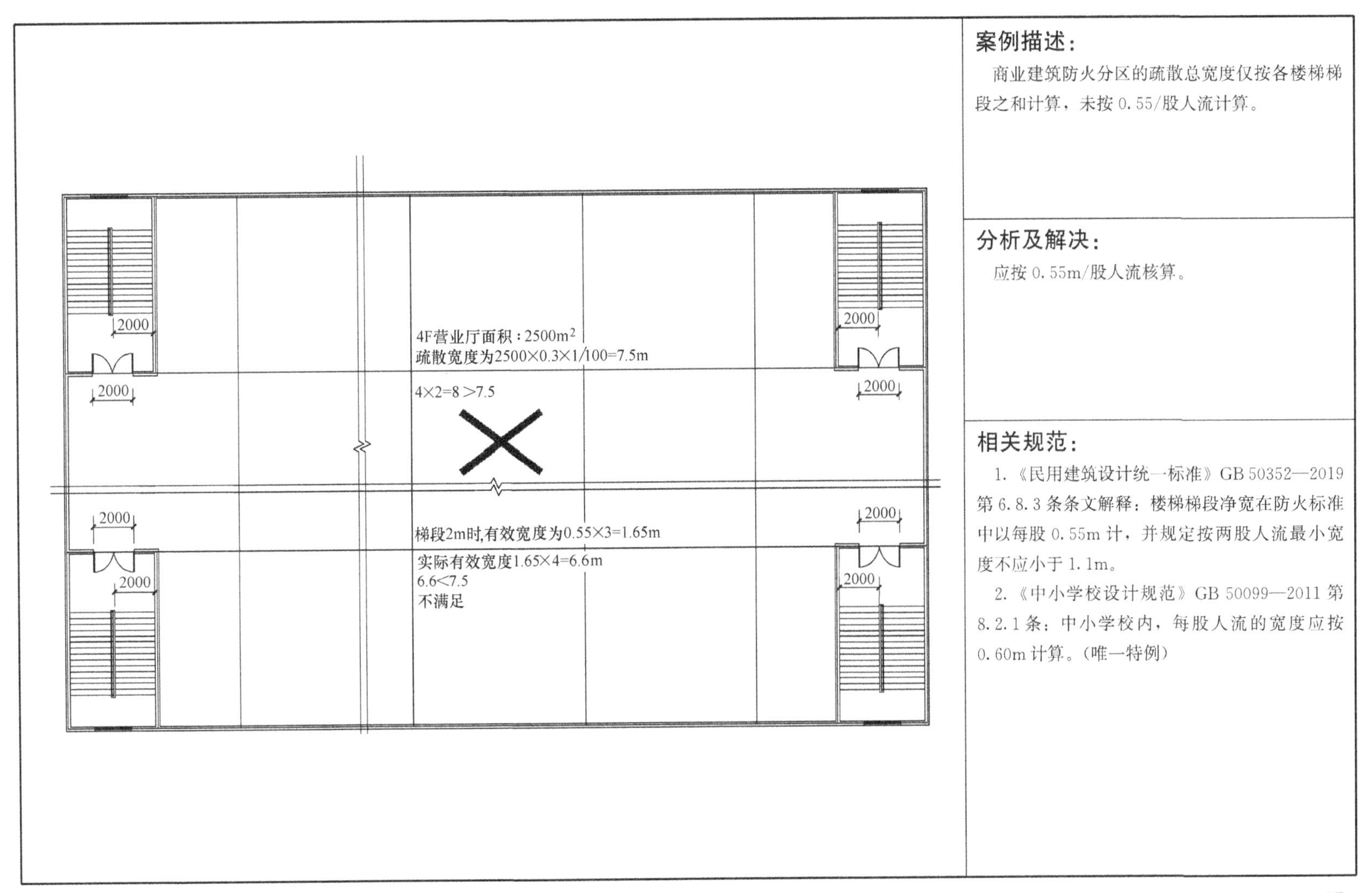

案例描述：

商业建筑防火分区的疏散总宽度仅按各楼梯梯段之和计算，未按0.55/股人流计算。

分析及解决：

应按0.55m/股人流核算。

相关规范：

1.《民用建筑设计统一标准》GB 50352—2019第6.8.3条条文解释：楼梯梯段净宽在防火标准中以每股0.55m计，并规定按两股人流最小宽度不应小于1.1m。

2.《中小学校设计规范》GB 50099—2011第8.2.1条：中小学校内，每股人流的宽度应按0.60m计算。(唯一特例)

46. 疏散宽度与人流股数的关系（二）

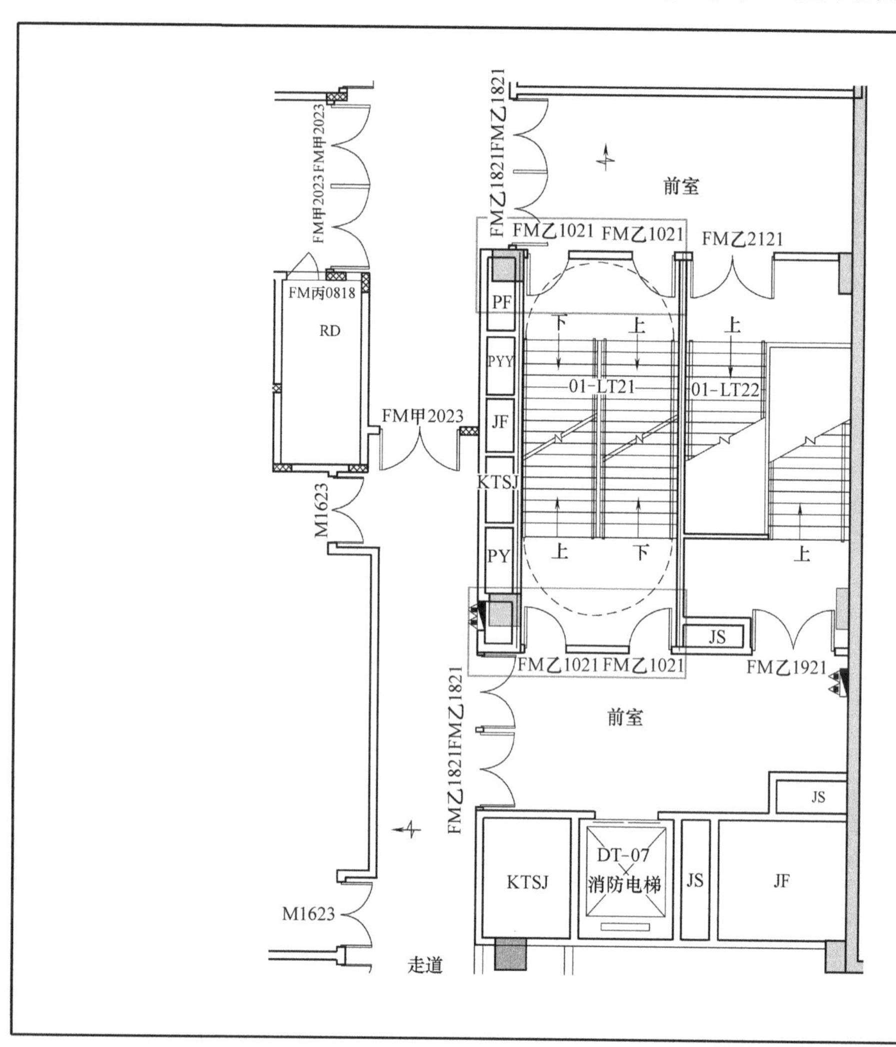

案例描述：

为避开疏散半圆轨迹，楼梯间采用了分离式的单扇防火门，减少了有效疏散宽度。

分析及解决：

01-LT22 的 FM2121 有效疏散宽度为 3 股人流 1.65m，01-LT21 的两扇 FM 乙 1021 有效疏散宽度为 2 股人流 1.10m。

相关规范：

1.《民用建筑设计统一标准》GB 50352—2019 第 6.8.3 条条文解释：楼梯梯段宽度在防火规范中是以每股人流为 0.55m 计，并规定按两股人流最小宽度不应小于 1.10m。

2.《中小学校设计规范》GB 50099—2011 第 8.2.1 条：中小学校内，每股人流的宽度应按 0.60m 计算。(唯一特例)

47. 商业建筑人员密度取值的分界线 $3000m^2$ 如何考虑

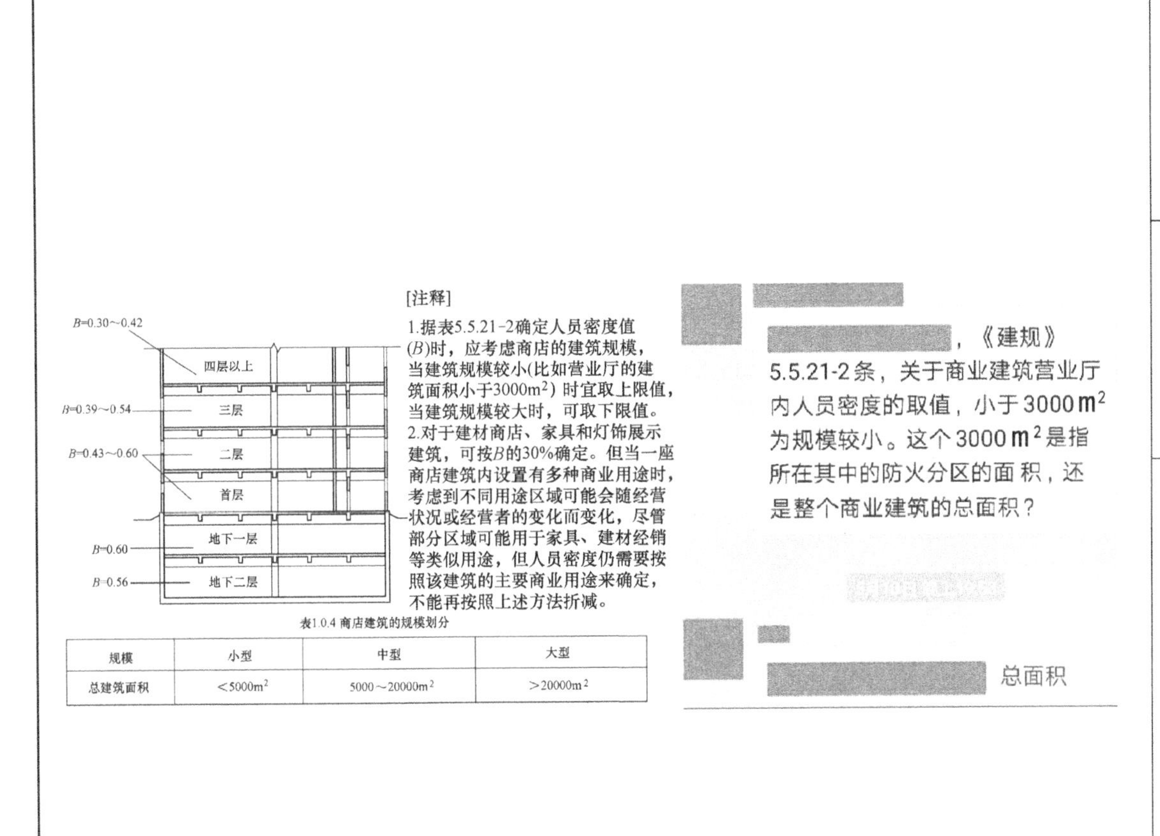

表1.0.4 商店建筑的规模划分

规模	小型	中型	大型
总建筑面积	$<5000m^2$	$5000\sim20000m^2$	$>20000m^2$

案例描述：

三层商业建筑，每层建筑面积 $1200m^2$，总建筑面积 $3600m^2$。在计算疏散人数时，审图公司认为每层建筑面积 $1200m^2<3000m^2$，人员密度应取表 5.5.21-2 中的较大值。

分析及解决：

因总建筑面积 $3600m^2>3000m^2$，取小值即可。

相关规范：

1.《建规》第 5.5.21 条条文解释：据表 5.5.21-2 确定人员密度值时，应考虑商店的建筑规模，当建筑规模较小（比如营业厅的建筑面积小于 $3000m^2$）时宜取上限值，当建筑规模较大时，可取下限值。

2.《商店建筑设计规范》JGJ 48—2014 第 1.0.4 条：商店建筑的规模应按单项建筑内的商店总建筑面积进行划分。

48. 玻璃幕墙在避难层时龙骨如何做防火处理

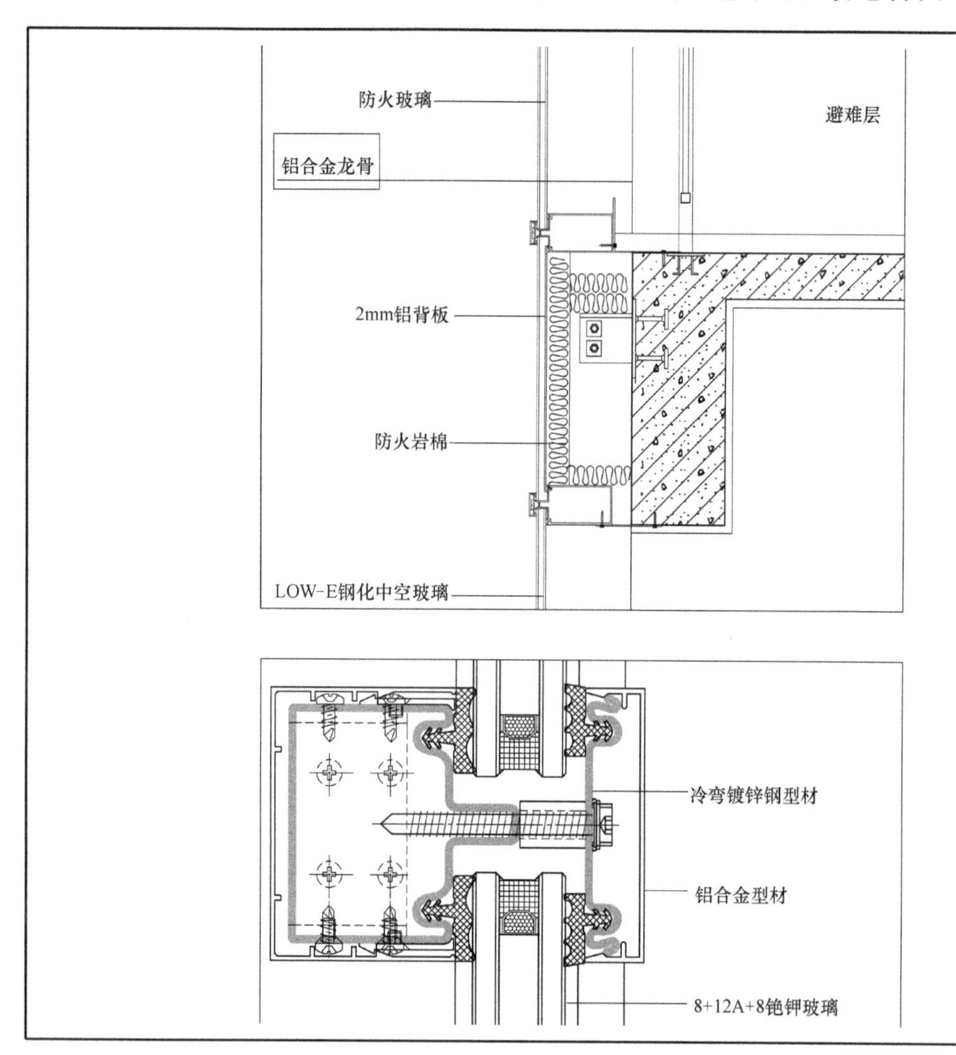

案例描述：

某超高层建筑采用玻璃幕墙做外墙时，避难层的节点详图中注明为“铝合金龙骨”。

分析及解决：

1. 避难层的幕墙龙骨应满足耐火极限 1h 的要求，铝合金龙骨不满足要求。可采用钢铝型龙骨，镀锌钢涂刷防火涂料，可同时满足耐火极限和美观的要求。

2. 全隐框幕墙的玻璃面板与龙骨之间的连接方式为硅酮结构胶粘接，故避难层处不应采用全隐框玻璃幕墙。

相关规范：

1.《建规》第 5.5.23 条第 9 款：应设置直接对外的可开启窗口或独立的机械防烟设施，外窗应采用乙级防火窗。

2.《防火窗》GB 16809—2008 第 4.2.2 条表 3：耐火等级代号 A1.00（乙级）的耐火性能：耐火隔热性≥1.00h，且耐火完整性≥1.00h。

49. 住宅建筑首层住户的疏散距离如何控制

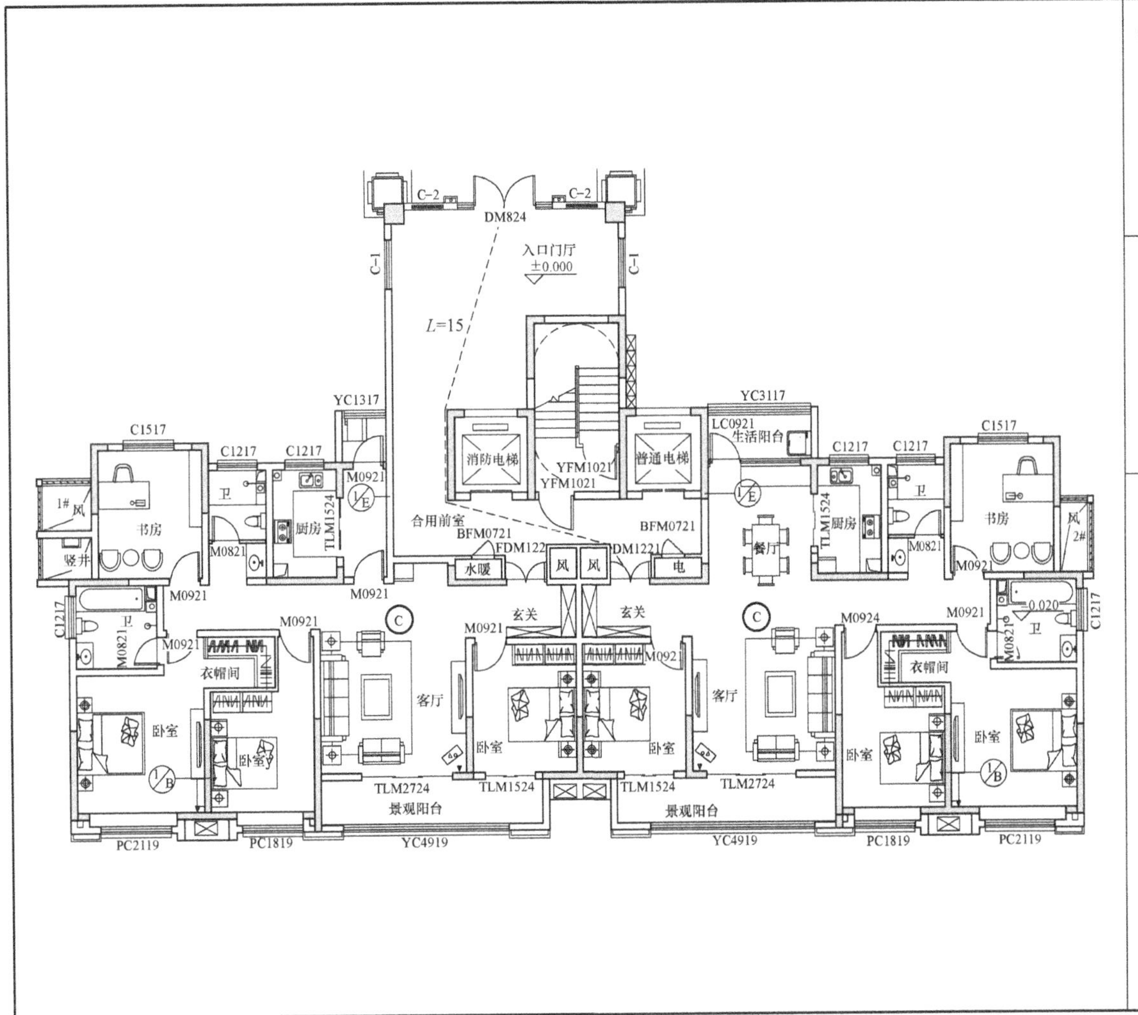

案例描述：

建筑高度 48m 的高层住宅，首层户门至入口门厅的距离 $L=15$m，仅设置了一个安全出口。

分析及解决：

1. 修改入口门厅，使 $L \leqslant 10$m。

2. 在首层套内的阳台设置直接对室外的疏散门。

相关规范：

《建规》第 5.5.25 条第 2 款：建筑高度大于 27m、不大于 54m 的建筑，当每个单元任一层的建筑面积大于 650m^2，或任一户门至最近安全出口的距离大于 10m 时，每个单元每层的安全出口不应少于 2 个。

50. 54m以下的住宅是否可通过小走道进入合用前室

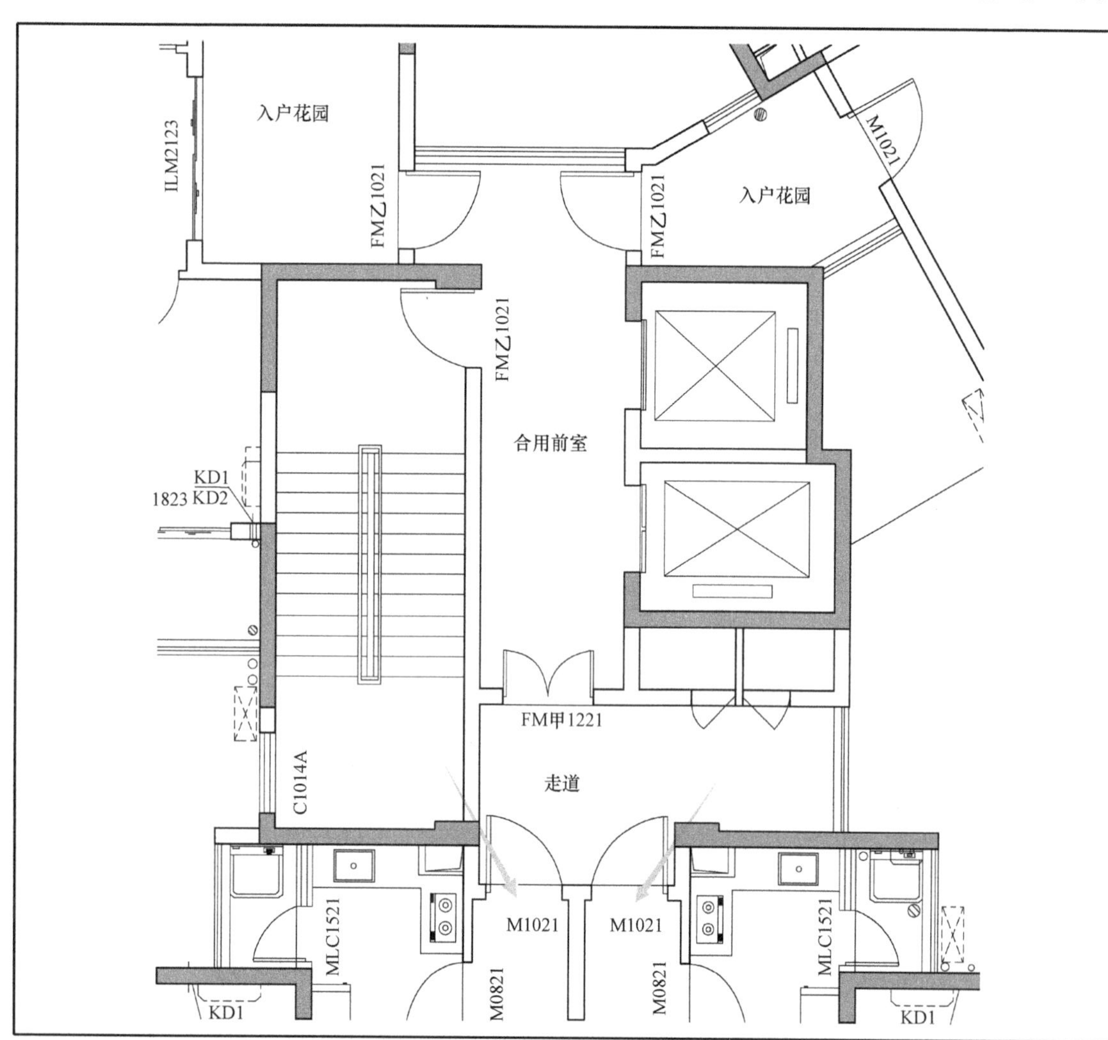

案例描述：

建筑高度不大于54m的一梯四户的住宅建筑，南面两户通过一个小走道进入合用前室，部分设计师认为不满足双向疏散的原则。

分析及解决：

与建筑高度大于54m的三合一前室第四户通过小走道进入三合一前室的情况不同，建筑高度不大于54m的住宅建筑，可只设一个安全出口，南面两户设小走道是为了规避同时开在前室内的户门大于3樘，属于确保前室安全的防火分隔措施。

相关规范：

1.《建规》第5.5.25条第2款：建筑高度大于27m、不大于54m的建筑，当每个单元任一层的建筑面积大于650m²，或任一户门至最近安全出口的距离大于10m时，每个单元每层的安全出口不应少于2个。

2.《建规》第5.5.27条第3款：建筑高度大于33m的住宅建筑应采用防烟楼梯间。户门不宜直接开向前室，确有困难时，每层开向同一前室的户门不应大于3樘且应采用乙级防火门。

51. 54m以下的住宅开向疏散走道的户门是否可不采用防火门

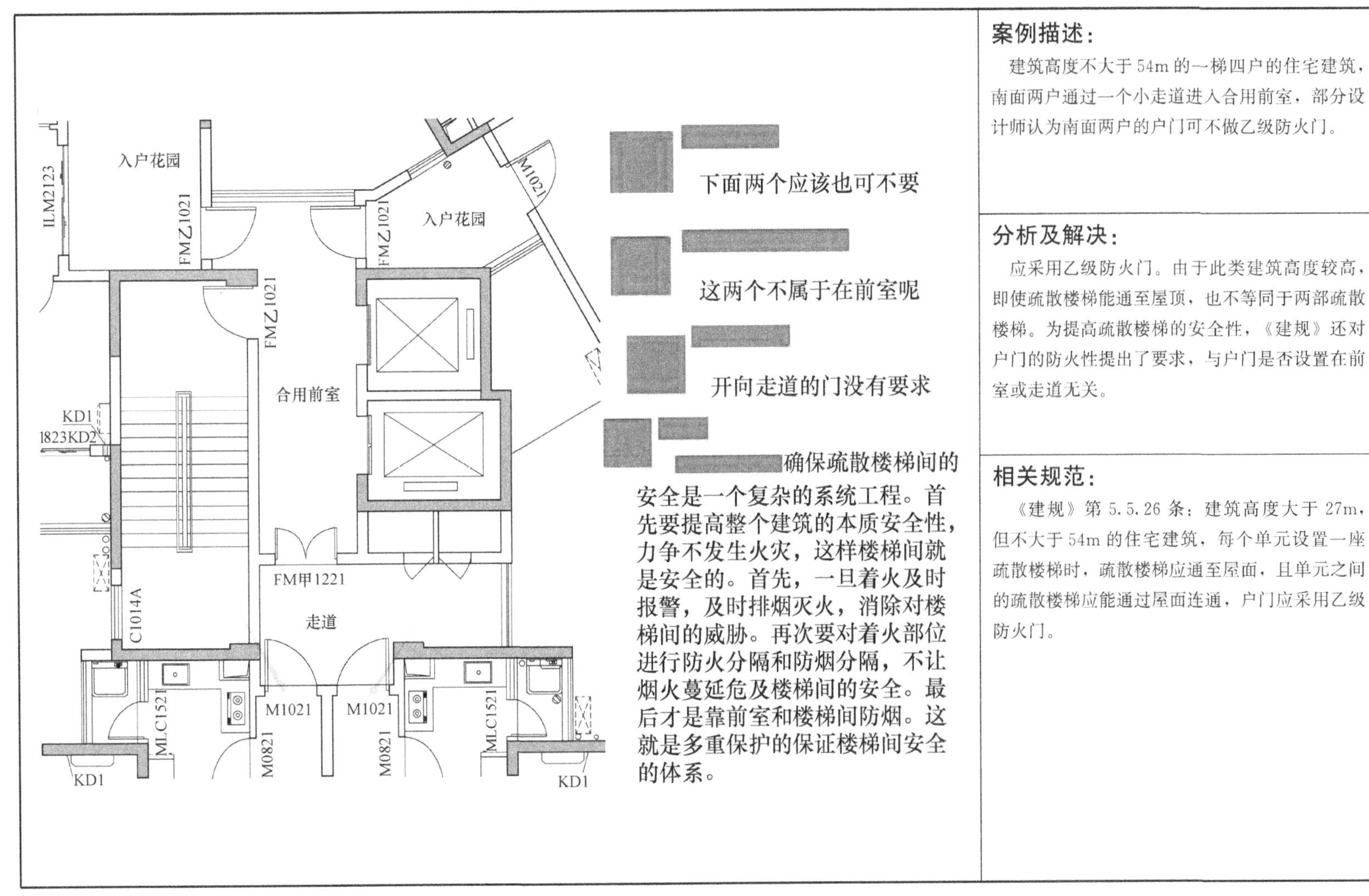

案例描述：

建筑高度不大于54m的一梯四户的住宅建筑，南面两户通过一个小走道进入合用前室，部分设计师认为南面两户的户门可不做乙级防火门。

分析及解决：

应采用乙级防火门。由于此类建筑高度较高，即使疏散楼梯能通至屋顶，也不等同于两部疏散楼梯。为提高疏散楼梯的安全性，《建规》还对户门的防火性提出了要求，与户门是否设置在前室或走道无关。

相关规范：

《建规》第5.5.26条：建筑高度大于27m，但不大于54m的住宅建筑，每个单元设置一座疏散楼梯时，疏散楼梯应通至屋面，且单元之间的疏散楼梯应能通过屋面连通，户门应采用乙级防火门。

52. 三合一前室三户时是否必须按图示增加防火门

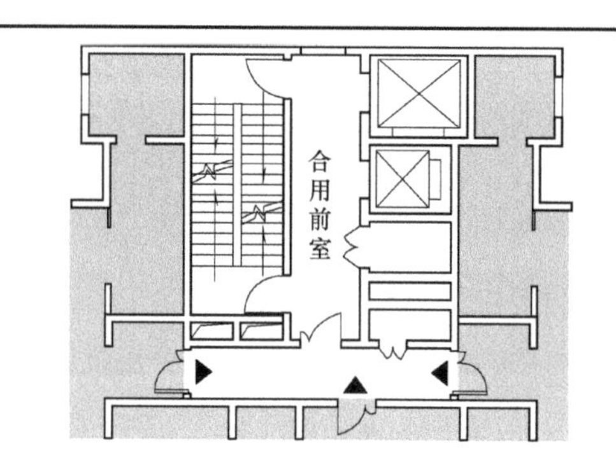

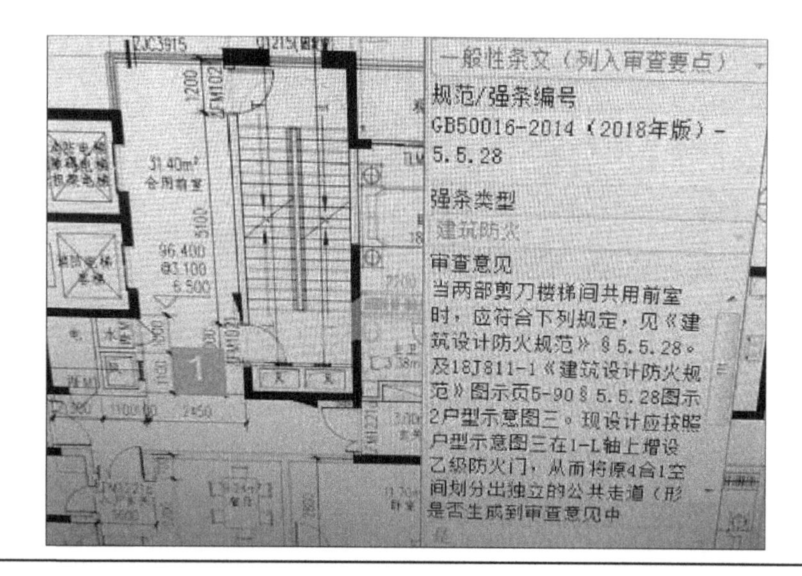

案例描述：

住宅竖向布置的三合一前室，审图公司认为必须按图示在电梯厅与走道之间增加防火门。

分析及解决：

规范管理组在《建规》常见问题释疑中答复不加门可以，加门更安全，18J811-1 图示把此答复以图示形式表达出来。

相关规范：

《建规》图示 18J811-1 编制说明第 4.8 条：图集中图示为规范所述的普通常见做法，不限制其他符合规范的做法。

53. 剪刀楼梯间首层共用出入口时大堂门净宽度如何控制

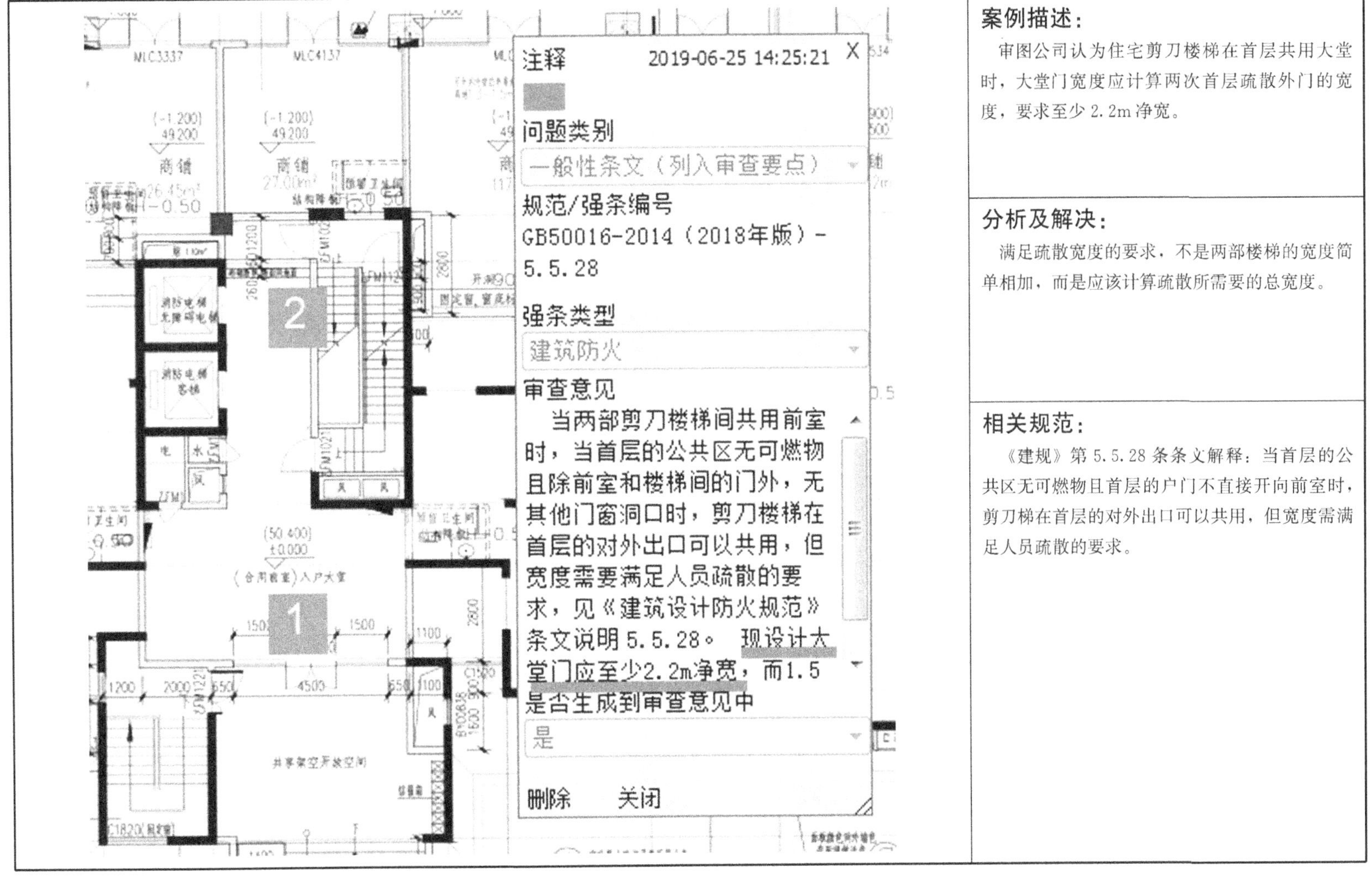

案例描述：

审图公司认为住宅剪刀楼梯在首层共用大堂时，大堂门宽度应计算两次首层疏散外门的宽度，要求至少2.2m净宽。

分析及解决：

满足疏散宽度的要求，不是两部楼梯的宽度简单相加，而是应该计算疏散所需要的总宽度。

相关规范：

《建规》第5.5.28条条文解释：当首层的公共区无可燃物且首层的户门不直接开向前室时，剪刀梯在首层的对外出口可以共用，但宽度需满足人员疏散的要求。

54. 剪刀楼梯间轴线宽度 2700mm 时是否满足梯段净宽 1100mm 的要求

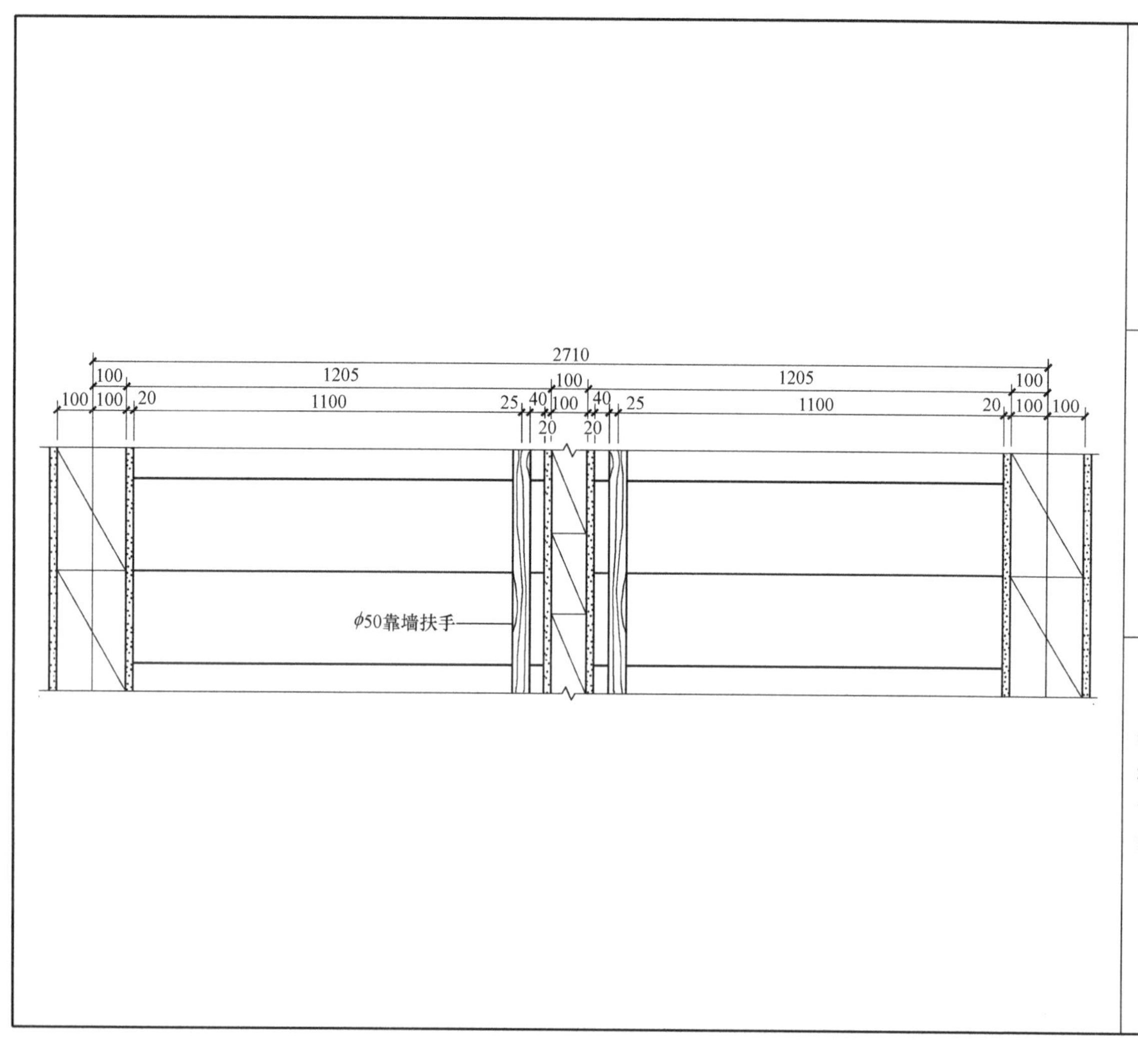

案例描述：

1. 高层住宅剪刀楼梯轴线尺寸 2700mm 时，梯段宽度不满足 1100mm。

2. 高层住宅采用两跑楼梯时，轴线距离 2700mm，2 层及以上楼层梯段宽度满足 1100mm，1 层下一1 层时临空扶手变靠墙扶手，梯段宽度不足 1100mm。

分析及解决：

墙体材料按 100mm、200mm 蒸压加气混凝土砌块；墙体抹灰厚度 20mm；靠墙扶手内侧与墙体面层距离 40mm（参《无障碍设计规范》GB 50763—2012 第 3.8.4 条；靠墙扶手尺寸 50mm 参 15J403-1 中最小尺寸、不考虑老幼建筑的 40mm）；不考虑保温层厚度的影响。

相关规范：

《建规》第 5.5.30 条：住宅建筑的户门、安全出口、疏散走道和疏散楼梯的各自总净宽度应经计算确定，且户门和安全出口的净宽度不应小于 0.90m，疏散走道、疏散楼梯和首层疏散外门的净宽度不应小于 1.10m。

55. 住宅楼梯间首层疏散门宽度是否需要按 1100mm 设计

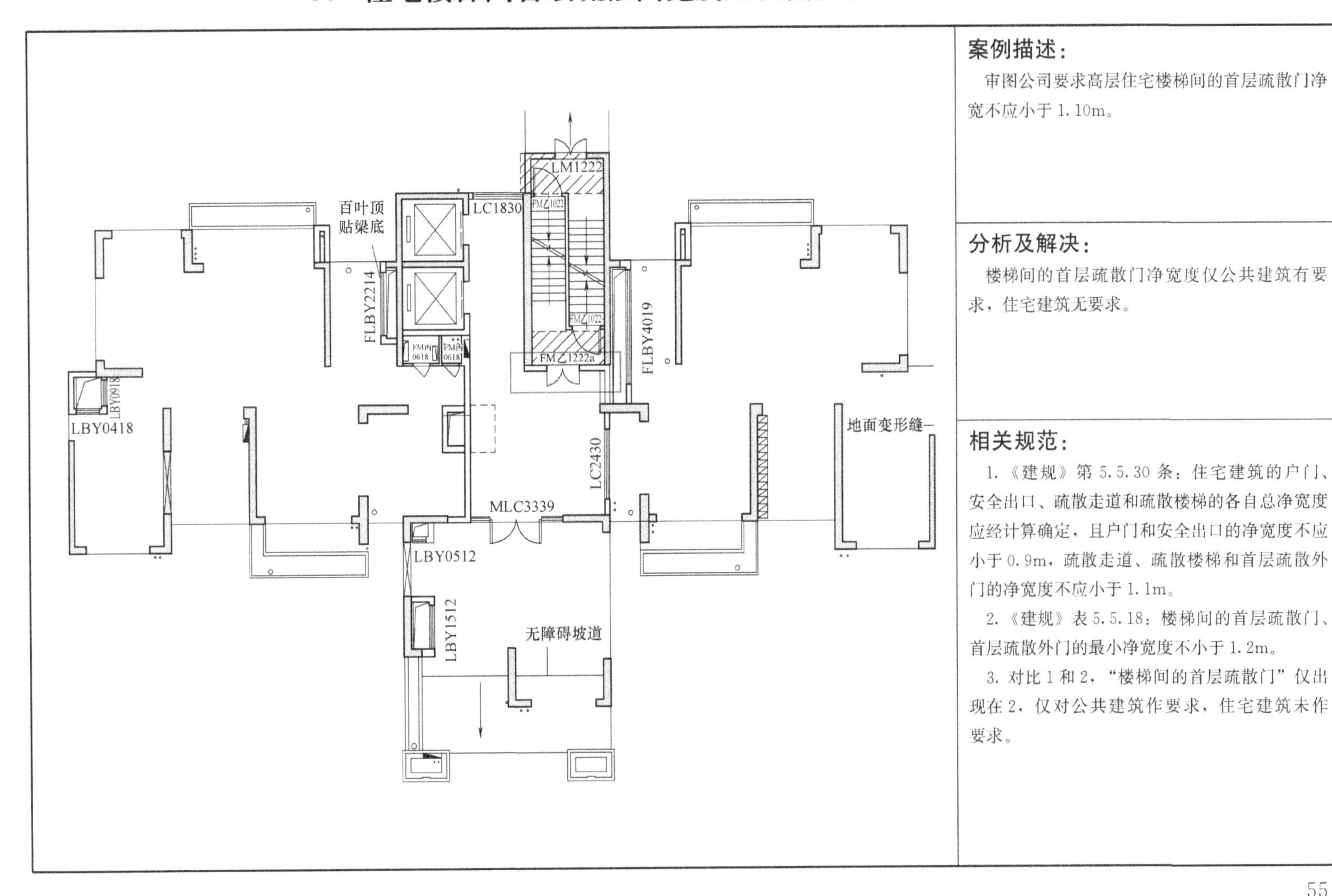

案例描述：

审图公司要求高层住宅楼梯间的首层疏散门净宽不应小于 1.10m。

分析及解决：

楼梯间的首层疏散门净宽度仅公共建筑有要求，住宅建筑无要求。

相关规范：

1.《建规》第 5.5.30 条：住宅建筑的户门、安全出口、疏散走道和疏散楼梯的各自总净宽度应经计算确定，且户门和安全出口的净宽度不应小于 0.9m，疏散走道、疏散楼梯和首层疏散外门的净宽度不应小于 1.1m。

2.《建规》表 5.5.18：楼梯间的首层疏散门、首层疏散外门的最小净宽度不小于 1.2m。

3. 对比 1 和 2，“楼梯间的首层疏散门”仅出现在 2，仅对公共建筑作要求，住宅建筑未作要求。

56. 住宅安全间的外窗型材如何选用

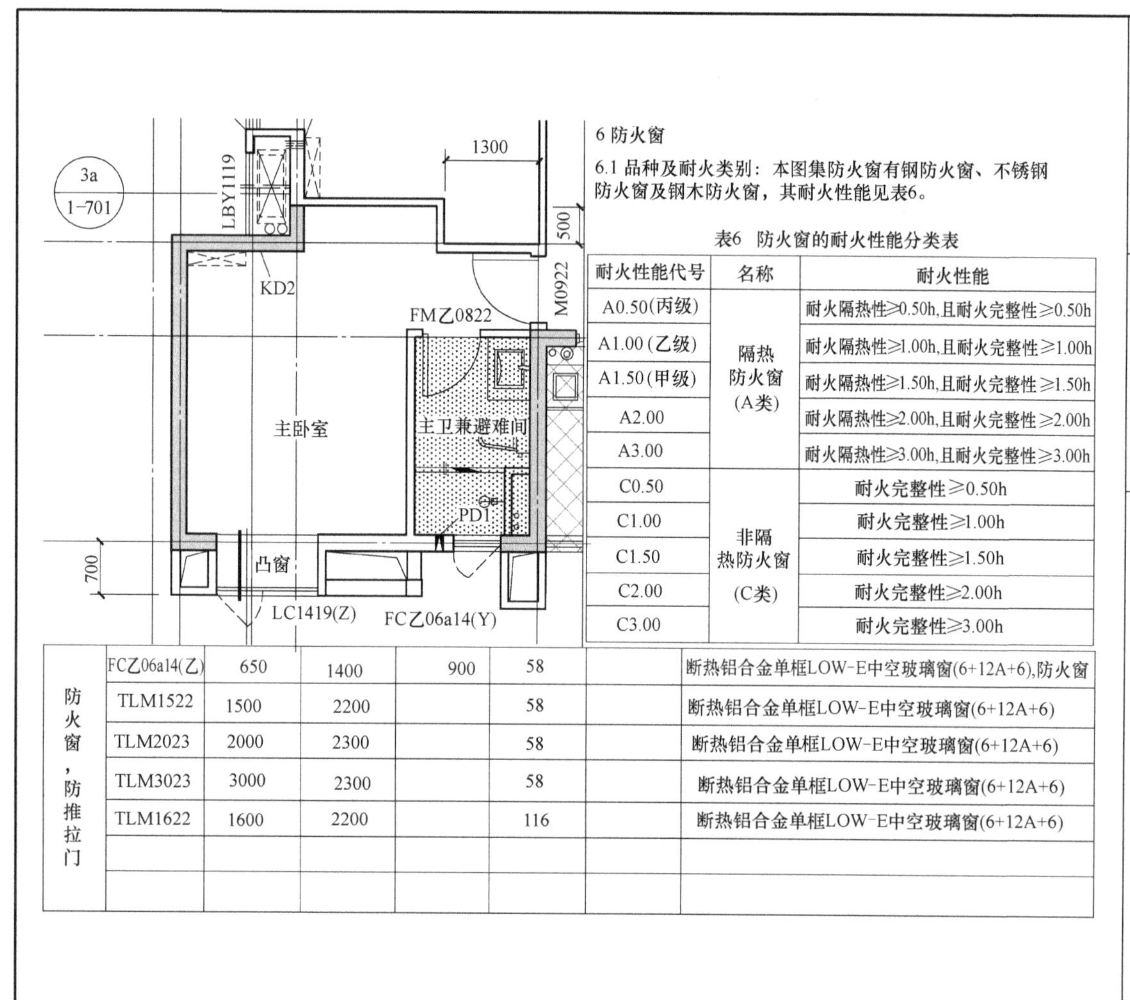

6 防火窗

6.1 品种及耐火类别：本图集防火窗有钢防火窗、不锈钢防火窗及钢木防火窗，其耐火性能见表6。

表6 防火窗的耐火性能分类表

耐火性能代号	名称	耐火性能
A0.50(丙级)	隔热防火窗(A类)	耐火隔热性≥0.50h,且耐火完整性≥0.50h
A1.00(乙级)		耐火隔热性≥1.00h,且耐火完整性≥1.00h
A1.50(甲级)		耐火隔热性≥1.50h,且耐火完整性≥1.50h
A2.00		耐火隔热性≥2.00h,且耐火完整性≥2.00h
A3.00		耐火隔热性≥3.00h,且耐火完整性≥3.00h
C0.50	非隔热防火窗(C类)	耐火完整性≥0.50h
C1.00		耐火完整性≥1.00h
C1.50		耐火完整性≥1.50h
C2.00		耐火完整性≥2.00h
C3.00		耐火完整性≥3.00h

防火窗，防推拉门	FC乙06a14(乙)	650	1400	900	58		断热铝合金单框LOW-E中空玻璃窗(6+12A+6),防火窗
	TLM1522	1500	2200		58		断热铝合金单框LOW-E中空玻璃窗(6+12A+6)
	TLM2023	2000	2300		58		断热铝合金单框LOW-E中空玻璃窗(6+12A+6)
	TLM3023	3000	2300		58		断热铝合金单框LOW-E中空玻璃窗(6+12A+6)
	TLM1622	1600	2200		116		断热铝合金单框LOW-E中空玻璃窗(6+12A+6)

案例描述：

高层住宅安全间窗在门窗大样图时注明“断热铝合金单框”。

分析及解决：

1. 建议参防火门窗图集，编号“C1.00”。

2. 普通玻璃一般耐火完整性为5min，钢化玻璃根据厚度不同为15～30min，铝合金框料耐火完整性一般为10min。

相关规范：

《建规》第5.5.32条第2款：内、外墙体的耐火极限不应低于1.00h，该房间的门宜采用乙级防火门，外窗的耐火完整性不宜低于1.00h。

57. 防火墙处的建筑、结构图纸如何对应

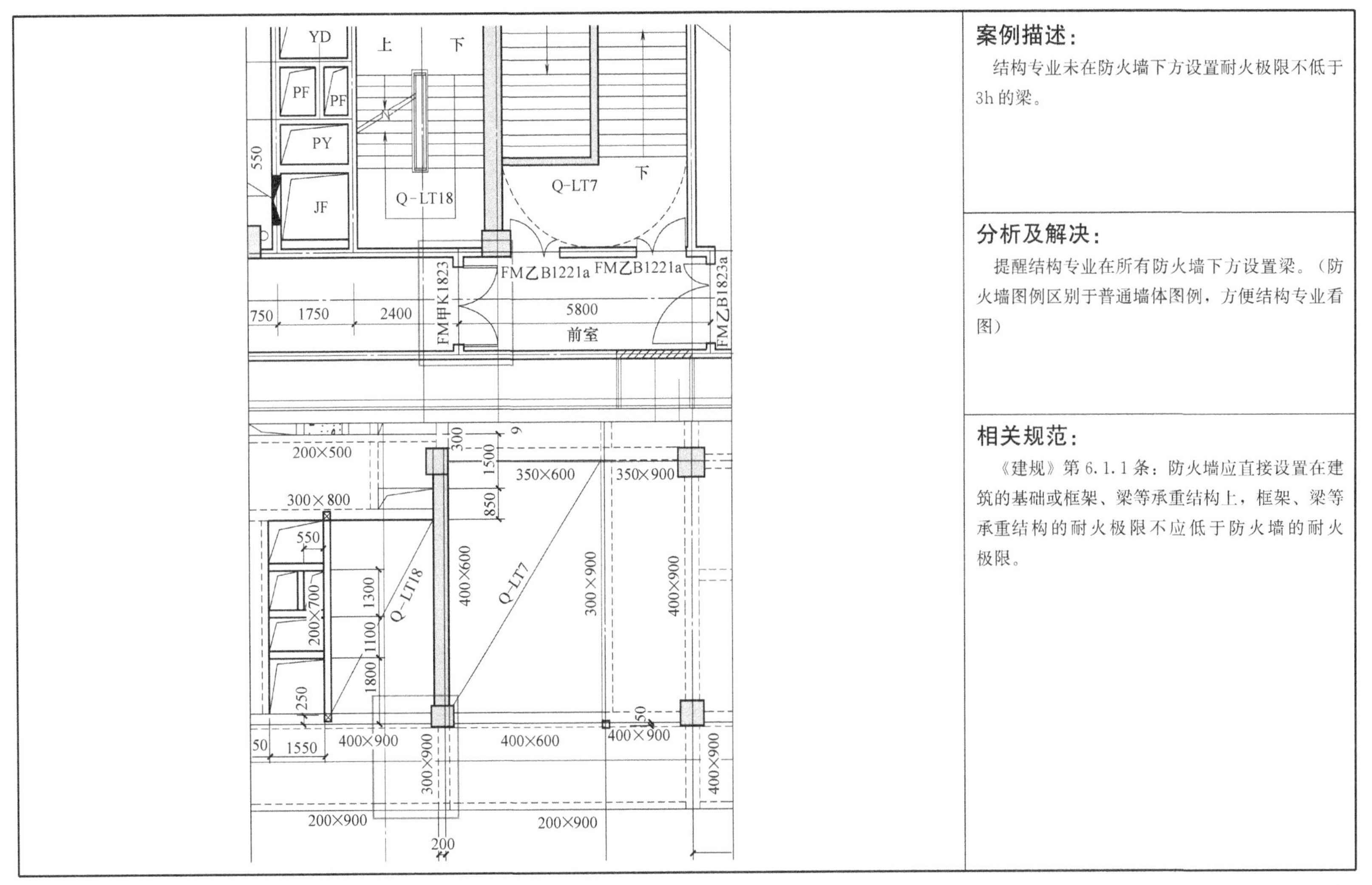

案例描述：

结构专业未在防火墙下方设置耐火极限不低于3h的梁。

分析及解决：

提醒结构专业在所有防火墙下方设置梁。（防火墙图例区别于普通墙体图例，方便结构专业看图）

相关规范：

《建规》第6.1.1条：防火墙应直接设置在建筑的基础或框架、梁等承重结构上，框架、梁等承重结构的耐火极限不应低于防火墙的耐火极限。

58. 防火墙的保护层厚度如何取值

梁				
简支的钢筋混凝土梁	1. 非预应力钢筋,保护层厚度(mm):10	—	1.20	不燃性
	20	—	1.75	不燃性
	25	—	2.00	不燃性
	30	—	2.30	不燃性
	40	—	2.90	不燃性
	50	—	3.50	不燃性

表 3.5.2　混凝土结构的环境类别

环境类别	条　件
一	室内干燥环境; 无侵蚀性静水浸没环境
二 a	室内潮湿环境; 非严寒和非寒冷地区的露天环境; 非严寒和非寒冷地区与无侵蚀性的水或土壤直接接触的环境; 严寒和寒冷地区的冰冻线以下与无侵蚀性的水或土壤直接接触的环境

表 8.2.1　混凝土保护层的最小厚度 c (mm)

环境类别	板、墙、壳	梁、柱、杆
一	15	20
二 a	20	25
二 b	25	35
三 a	30	40
三 b	40	50

注:1. 混凝土强度等级不大于 C25 时,表中保护层厚度数值应增加 5mm;

案例描述:

防火墙设置在梁上时,未考虑保护层厚度对梁的耐火极限的影响。

分析及解决:

一类环境梁保护层厚度 25mm、抹灰厚度 20mm,确保梁耐火极限≥3.0h。

相关规范:

1.《建规》第 6.1.1 条:防火墙应直接设置在建筑的基础或框架、梁等承重结构上,框架、梁等承重结构的耐火极限不应低于防火墙的耐火极限。

2.《建规》附表 1(各类非木结构构件的燃烧性能和耐火极限)注 7:计算保护层时,应包括抹灰粉刷层在内。

59. 防火分区在敞开外廊处如何防火分隔

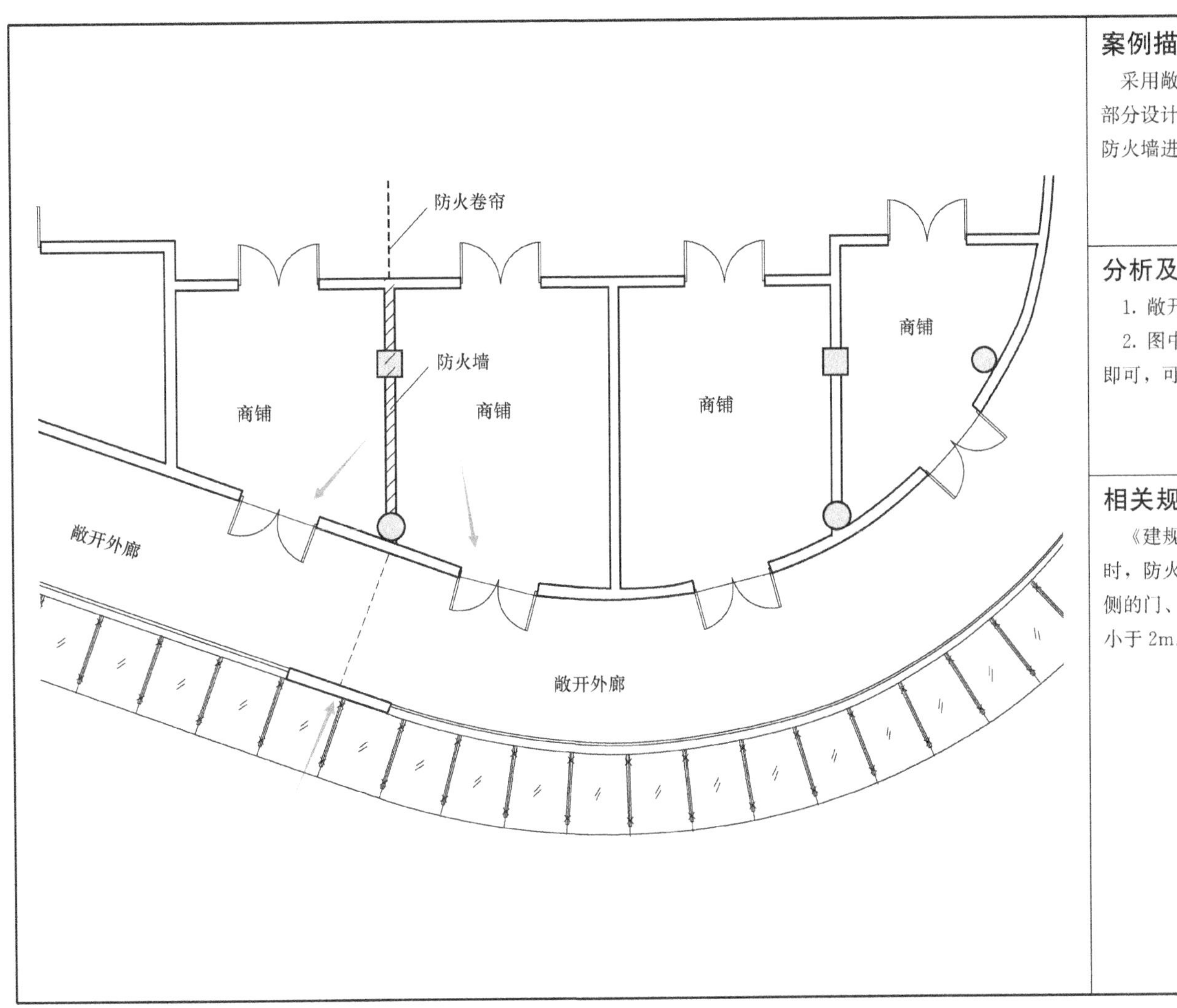

案例描述：

采用敞开式外廊的商业建筑划分防火分区时，部分设计师认为在敞开外廊处应采用防火卷帘及防火墙进行防火分隔。

分析及解决：

1. 敞开外廊可不考虑防火分隔措施。

2. 图中箭头处 2 扇门满足水平距离不小于 2m 即可，可取消防火卷帘及 2m 宽的实墙。

相关规范：

《建规》第 6.1.3 条：建筑外墙为不燃性墙体时，防火墙可不凸出墙的外表面，紧靠防火墙两侧的门、窗、洞口之间最近边缘的水平距离不应小于 2m。

60. 车库开向住宅的防火门等级如何确定

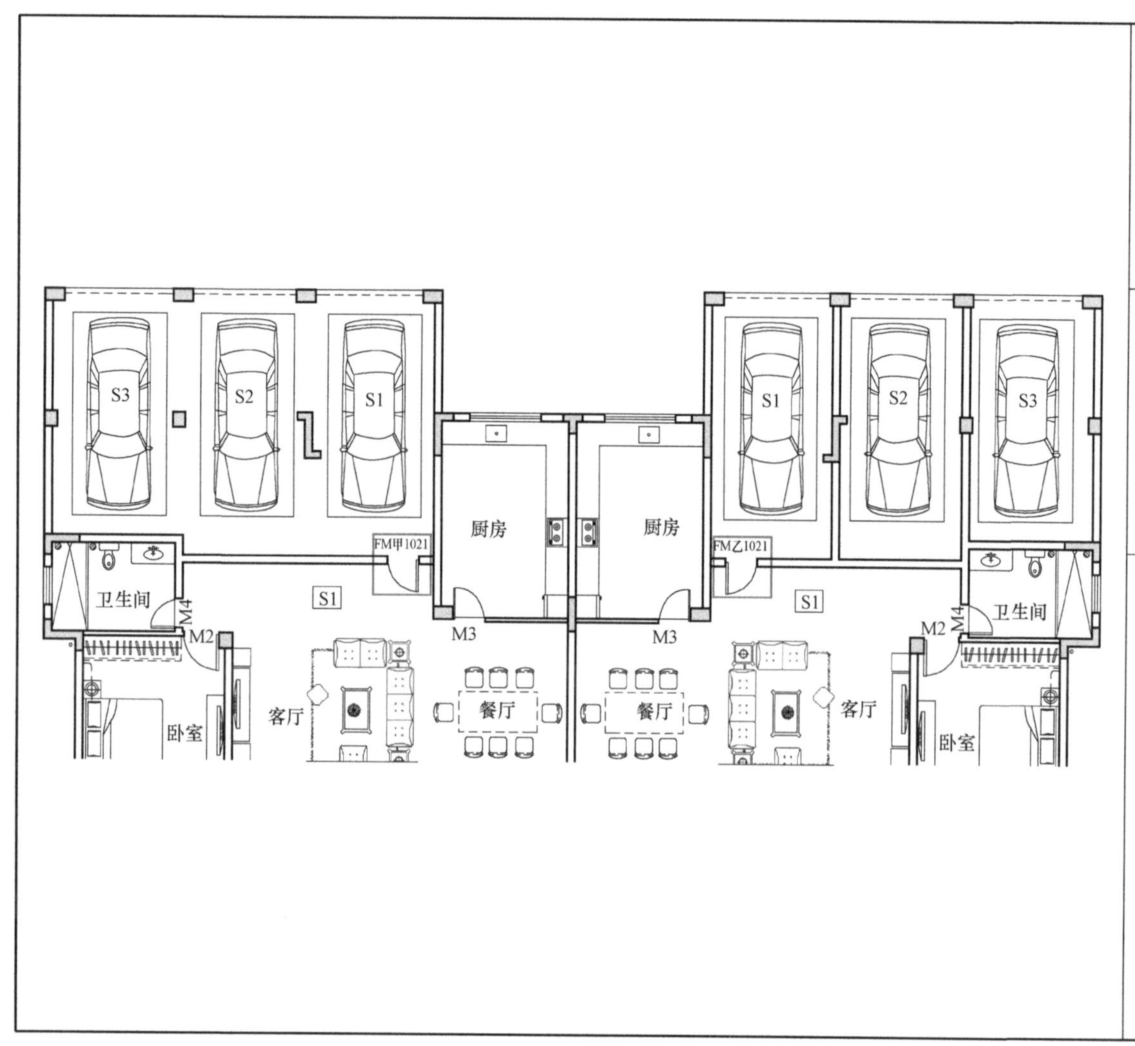

案例描述：

三层一梯两户的叠拼住宅，1～3层的套型编号分别为S1、S2、S3，共6户，在一层设置了为每户停车配建的停车库。如图左侧3个车位之间未设防火分隔、设甲级防火门与左侧S1户型连通；右侧3个车位之间设置了防火分隔，其中S1车库设乙级防火门与右侧S1户型连通——两侧设置的防火门等级不同。

分析及解决：

1. 左侧车库3个不同户的车位之间未设置防火分隔，因此属于车规范畴，按相关条文车库与住宅之间设防火墙，防火墙上的门为甲级防火门。

2. 右侧车库3个不同户的车位之间均设置防火分隔，且均有独立的车坡道直通室外，因此不属于《汽车库、修车库、停车场设计防火规范》范畴，按《建规》相关条文设置防火隔墙、乙级防火门。

相关规范：

1. 《建规》第6.2.3条：建筑内的下列部位应采用耐火极限不低于2.00h的防火隔墙与其他部位分隔，墙上的门、窗采用乙级防火门、窗：第6款：附设在住宅建筑内的机动车库。

2. 《汽车库、修车库、停车场设计防火规范》GB 50067—2014第1.0.2条条文解释：对于每户车位与每户车位之间、每户车位与住宅其他部位之间不能完全分隔的或不同住户的车位要共用室内汽车通道的情况，仍适用于本规范；5.1.6条：汽车库、修车库与其他建筑合建时，应符合下列规定：1 当贴邻建造时，应采用防火墙隔开；5.2.6条：防火墙或防火隔墙上不宜开设门、窗、洞口，当必须开设时，应设置甲级防火门、窗或耐火极限不低于3.00h的防火卷帘。

61. 住宅建筑上下层外窗距离不足 1200mm 时如何处理

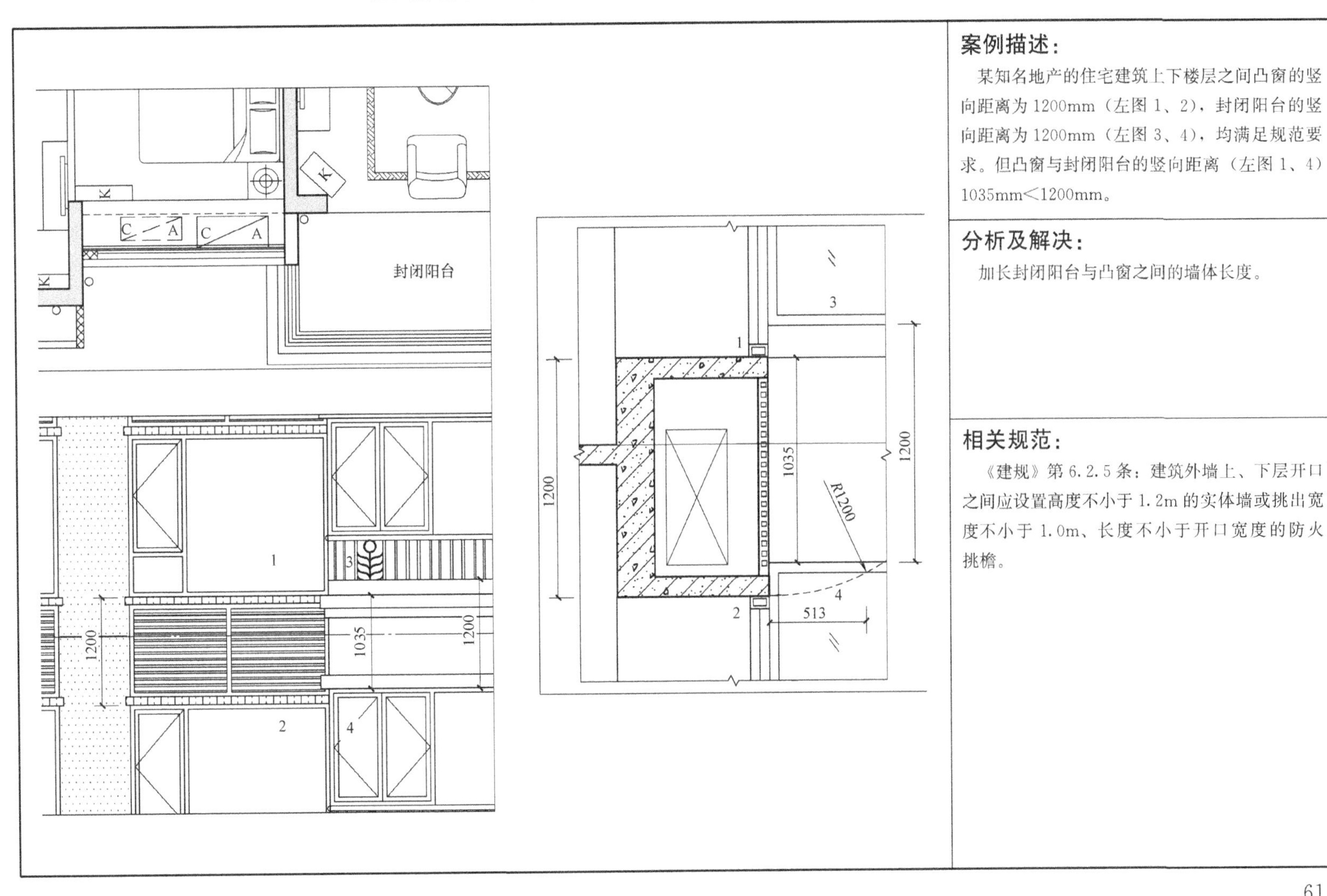

案例描述：

某知名地产的住宅建筑上下楼层之间凸窗的竖向距离为 1200mm（左图 1、2），封闭阳台的竖向距离为 1200mm（左图 3、4），均满足规范要求。但凸窗与封闭阳台的竖向距离（左图 1、4）1035mm<1200mm。

分析及解决：

加长封闭阳台与凸窗之间的墙体长度。

相关规范：

《建规》第 6.2.5 条：建筑外墙上、下层开口之间应设置高度不小于 1.2m 的实体墙或挑出宽度不小于 1.0m、长度不小于开口宽度的防火挑檐。

62. 相邻套型之间凸窗洞口为1m时是否满足要求

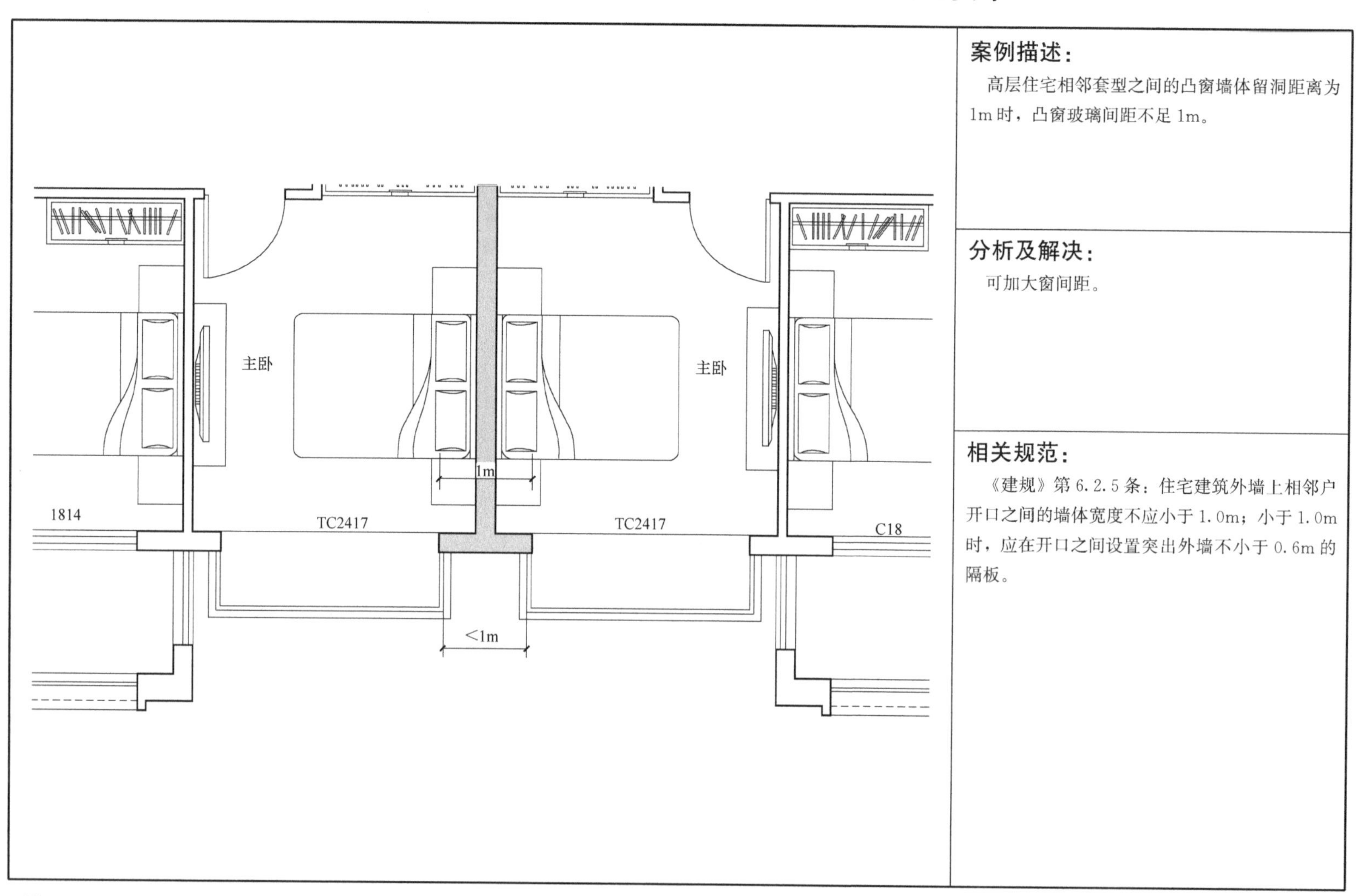

案例描述：

高层住宅相邻套型之间的凸窗墙体留洞距离为1m时，凸窗玻璃间距不足1m。

分析及解决：

可加大窗间距。

相关规范：

《建规》第6.2.5条：住宅建筑外墙上相邻户开口之间的墙体宽度不应小于1.0m；小于1.0m时，应在开口之间设置突出外墙不小于0.6m的隔板。

63. 相邻套型之间的外窗间距如何计算

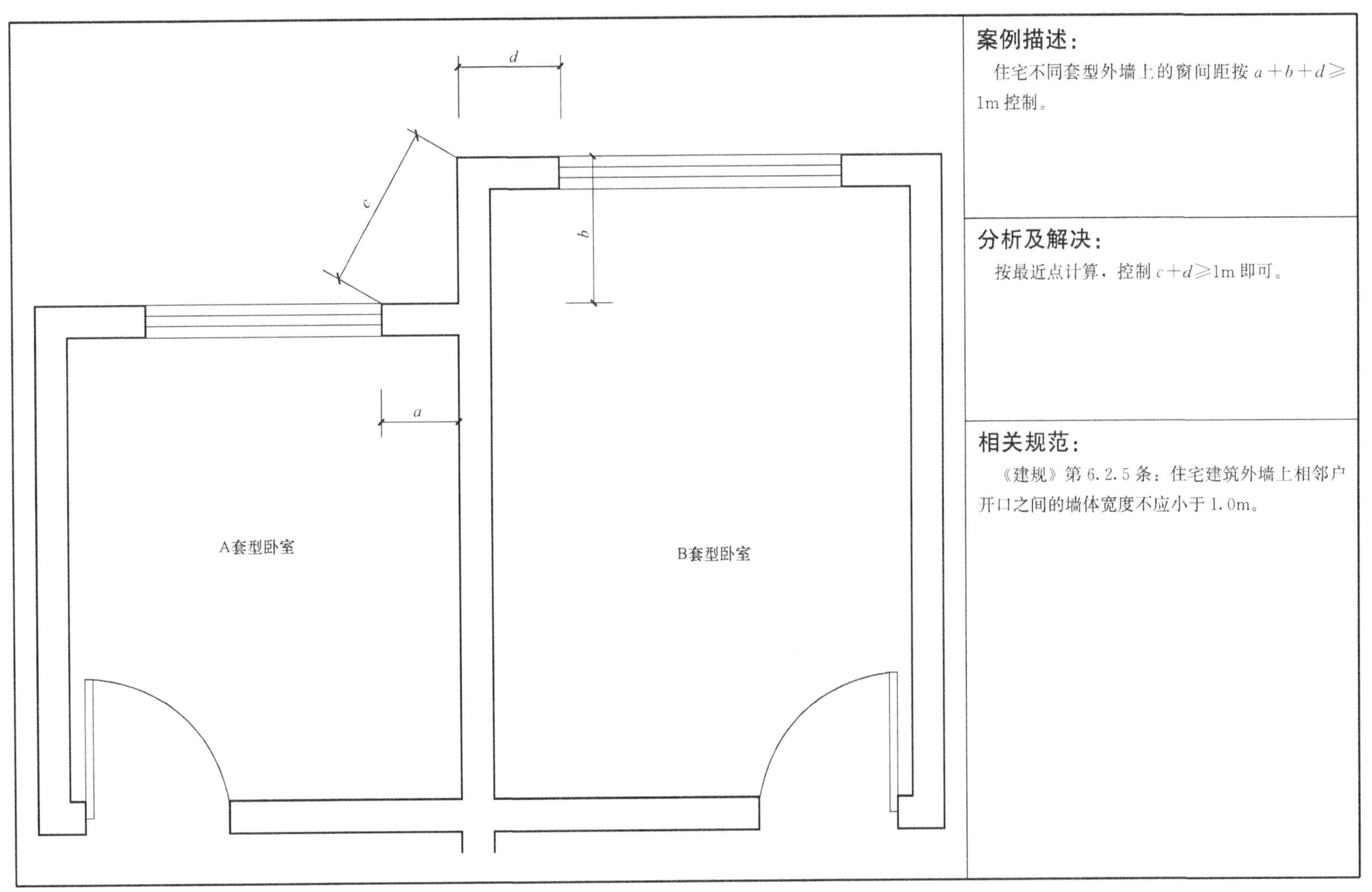

案例描述：

住宅不同套型外墙上的窗间距按 $a+b+d \geqslant$ 1m 控制。

分析及解决：

按最近点计算，控制 $c+d \geqslant$ 1m 即可。

相关规范：

《建规》第 6.2.5 条：住宅建筑外墙上相邻户开口之间的墙体宽度不应小于 1.0m。

64. 住宅建筑合用前室外窗与户门的距离是否需要满足 1m

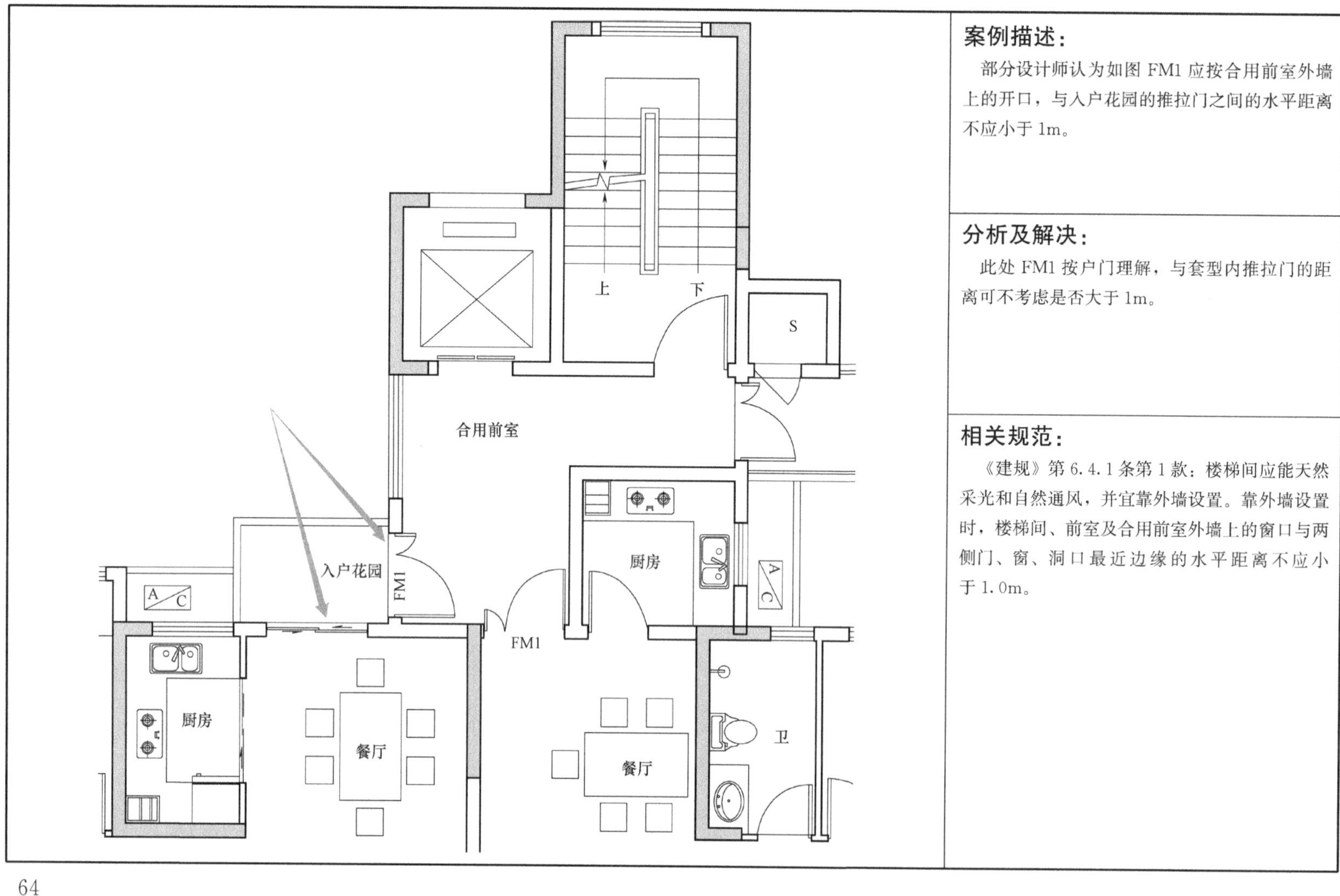

案例描述：

部分设计师认为如图 FM1 应按合用前室外墙上的开口，与入户花园的推拉门之间的水平距离不应小于 1m。

分析及解决：

此处 FM1 按户门理解，与套型内推拉门的距离可不考虑是否大于 1m。

相关规范：

《建规》第 6.4.1 条第 1 款：楼梯间应能天然采光和自然通风，并宜靠外墙设置。靠外墙设置时，楼梯间、前室及合用前室外墙上的窗口与两侧门、窗、洞口最近边缘的水平距离不应小于 1.0m。

65. 复式住宅套内楼梯与相邻房间的窗间距是否需要满足 1m

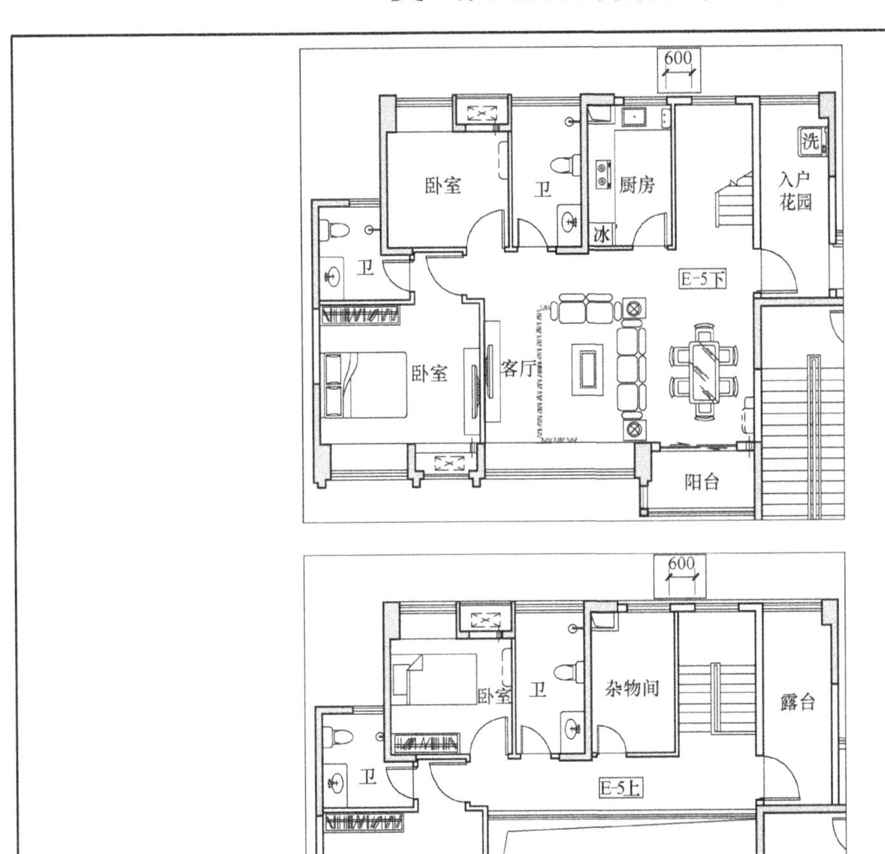

案例描述：

某高层住宅建筑的顶层复式套型，套内楼梯外窗与相邻房间外窗的距离为 600mm，部分设计题认为距离不足 1m，不满足《建规》相关条文的要求。

分析及解决：

套内楼梯是疏散路径的一部分，不是安全出口，与户内相邻房间外窗的距离可不按 1m 控制。

相关规范：

《建规》第 6.4.1 条第 1 款：楼梯间应能天然采光和自然通风，并宜靠外墙设置。靠外墙设置时，楼梯间、前室及合用前室外墙上的窗口与两侧门、窗、洞口最近边缘的水平距离不应小于 1.0m。

66. 住宅建筑首层扩大封闭楼梯间内是否可开设备井道门

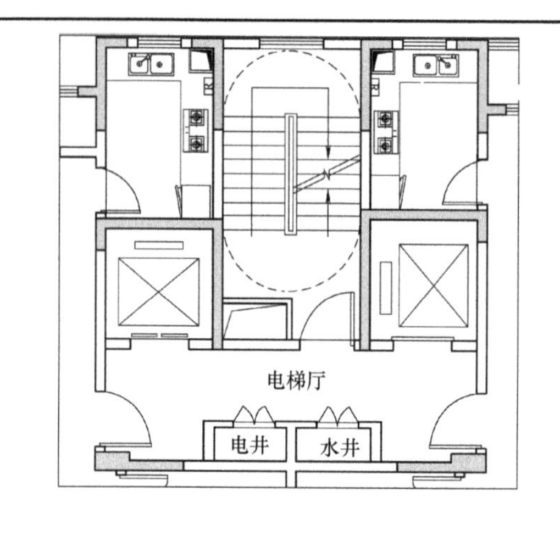

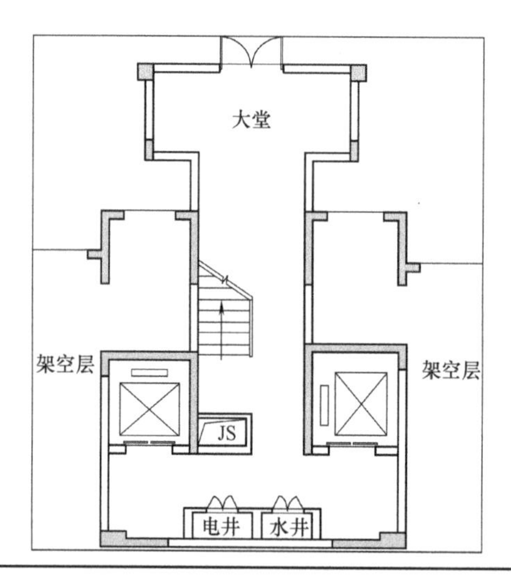

案例描述：

建筑高度 33m 的住宅，标准层时采用了封闭楼梯间，在首层时采用了扩大封闭楼梯间，水井、电井在扩大封闭楼梯间内开设了检查门。

分析及解决：

扩大封闭楼梯间内不应开设备井检查门。

相关规范：

《建规》第 6.4.2 条条文解释：有些建筑，在首层设置有大堂，楼梯间在首层的出口难以直接对外，往往需要将大堂或首层的一部分包括在楼梯间内而形成扩大的封闭楼梯间。在采用扩大封闭楼梯间时，要注意扩大区域与周围空间采取防火措施分隔。垃圾道、管道井等的检查门等，不能直接开向楼梯间内。

67. 住宅地下室合用前室内是否可以开设备井门

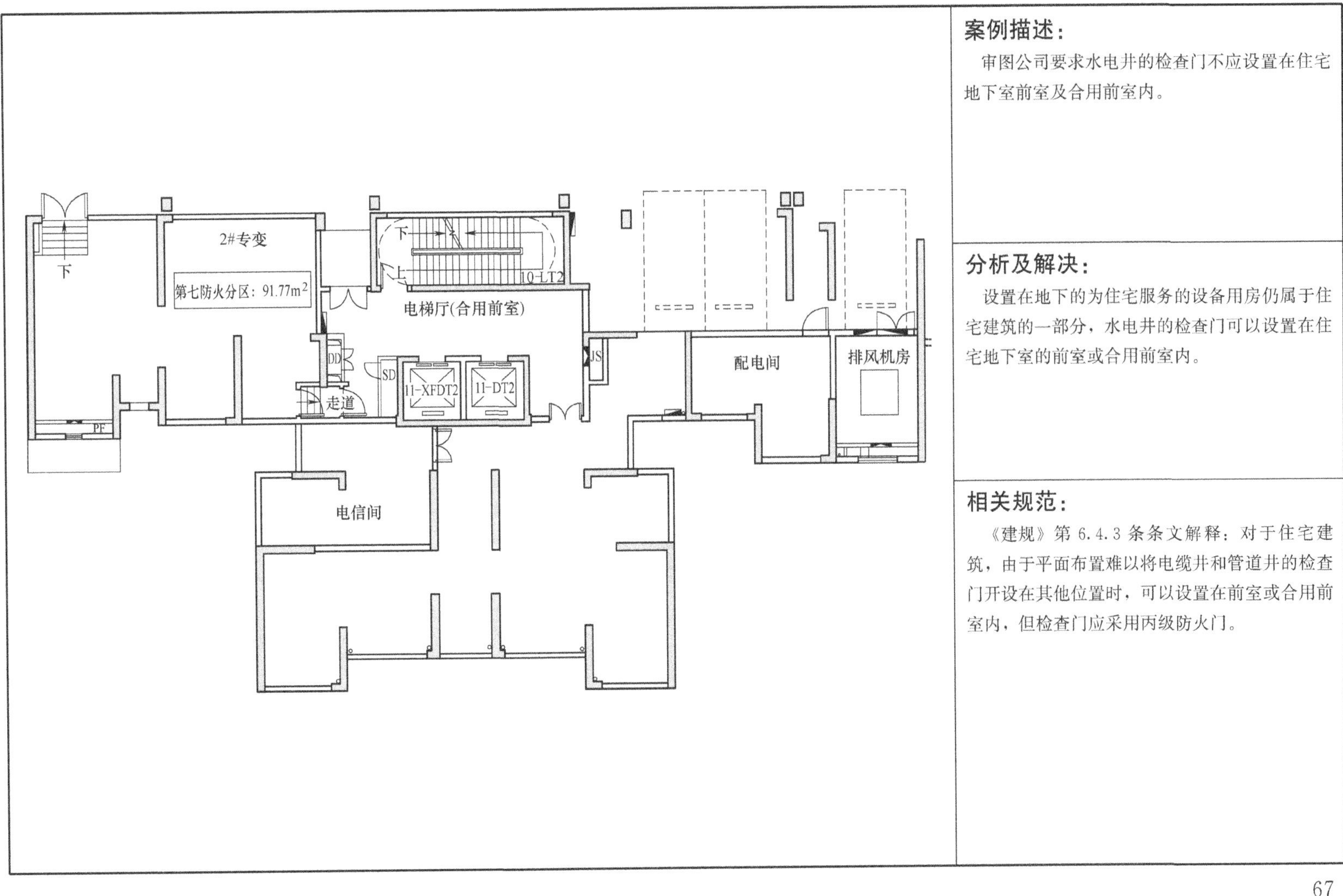

案例描述：

审图公司要求水电井的检查门不应设置在住宅地下室前室及合用前室内。

分析及解决：

设置在地下的为住宅服务的设备用房仍属于住宅建筑的一部分，水电井的检查门可以设置在住宅地下室的前室或合用前室内。

相关规范：

《建规》第 6.4.3 条条文解释：对于住宅建筑，由于平面布置难以将电缆井和管道井的检查门开设在其他位置时，可以设置在前室或合用前室内，但检查门应采用丙级防火门。

68. 地下商业与车库组合建造时楼梯性质如何确定

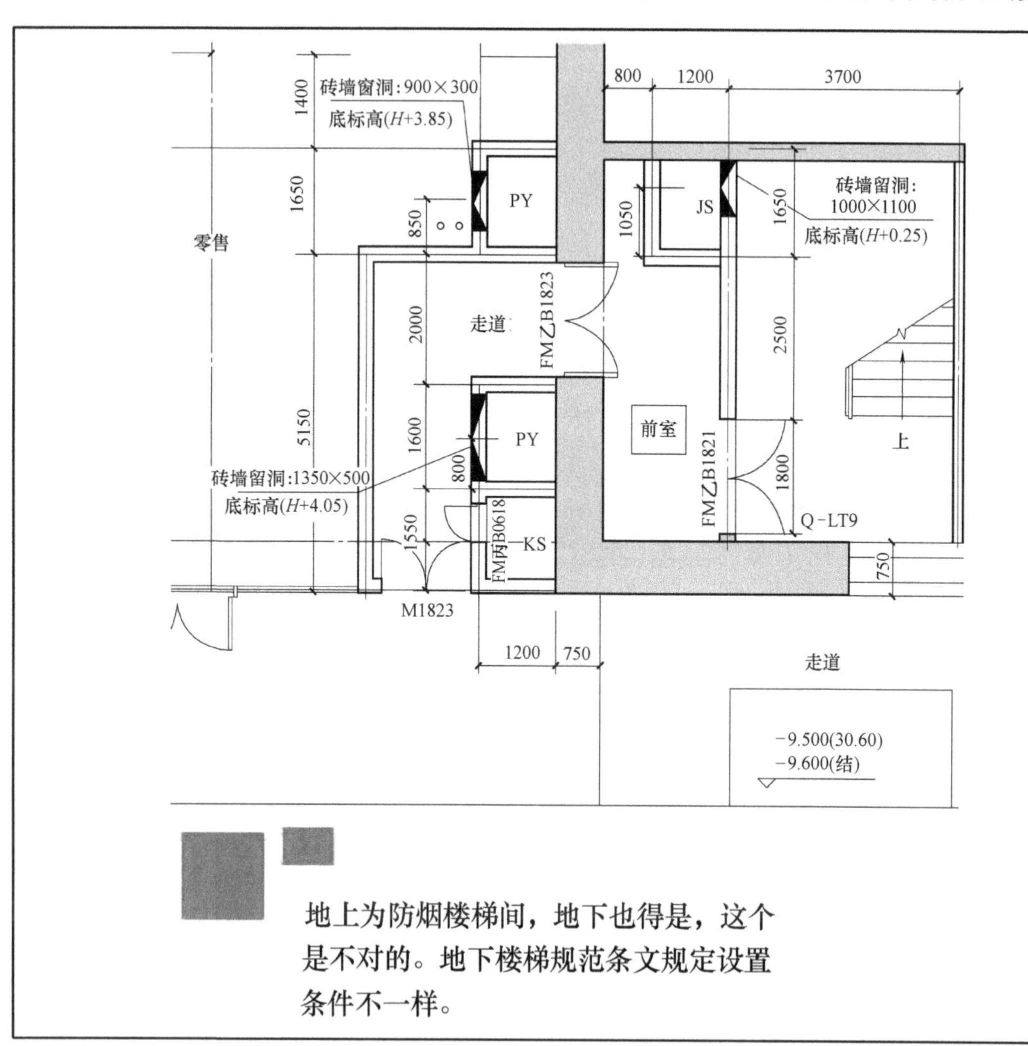

地上为防烟楼梯间，地下也得是，这个是不对的。地下楼梯规范条文规定设置条件不一样。

案例描述：

超高层建筑地上部分疏散楼梯为防烟楼梯间，地下部分−2～−1层为商业，−5～−3层为汽车库，左图为−2层商业局部平面图，埋深不足10m时设置了防烟楼梯间。

分析及解决：

1. 地下疏散楼梯的性质可不与地上楼梯匹配。
2. 地下商业部分的总埋深可不考虑地下汽车库埋深的影响。
3. 此处可取消前室，按封闭楼梯间设计即可。

相关规范：

1. 《建规》第6.4.4条第1款：室内地面与室外出入口地坪高差大于10m或3层及以上的地下、半地下建筑（室），其疏散楼梯应采用防烟楼梯间；其他地下或半地下建筑（室），其疏散楼梯应采用封闭楼梯间。

2. 《关于疏散楼梯和消防电梯设置问题的复函》（建规字［2017］20号）：有关汽车库与其他使用功能场所的疏散楼梯和消防电梯的设置要求，可分别根据各自区域的建筑埋深和现行国家标准《汽车库、修车库、停车场设计防火规范》、《建筑设计防火规范》的规定确定。

3. 《消防给水及消火栓系统技术规范》GB 50974—2014：地下建筑主要指修建在地表以下的供人们进行生活或其他活动的房屋或场所，是广场、绿地、道路、铁路、停车场、公园等用地下方相对独立的地下建筑。

69. 地下与地上共用楼梯间时如何做到完全防火分隔

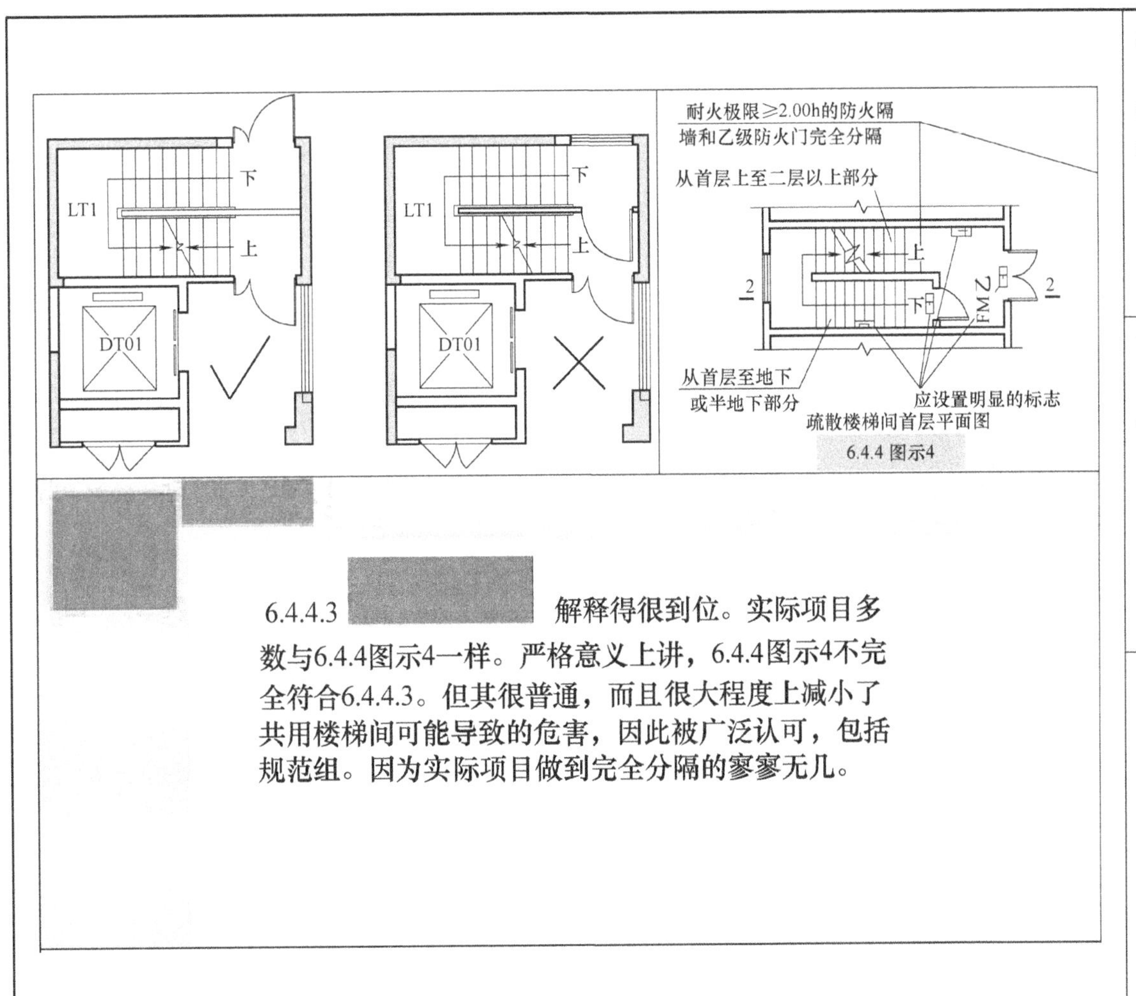

案例描述：

《建规》6.4.4 图示 4 地下室楼梯设置了乙级防火门在地上楼梯间内，与《建规》条文“完全分隔”的要求不一致。

分析及解决：

1. 图示错误，地下室楼梯出地面的防火门不应设置在地上楼梯间内。

2. 实际工程较多案例按图示设计，建议提前咨询消防意见。

相关规范：

《建规》第 6.4.4 条第 3 款：建筑的地下或半地下部分与地上部分不应共用楼梯间，确需共用楼梯间时，应在首层采用耐火极限不低于 2.0h 的防火隔墙和乙级防火门将地下或半地下部分与地上部分的连通部分“完全分隔”，并应设置明显的标志。

70. 中庭自动扶梯处是否可采用防火卷帘进行防火分隔

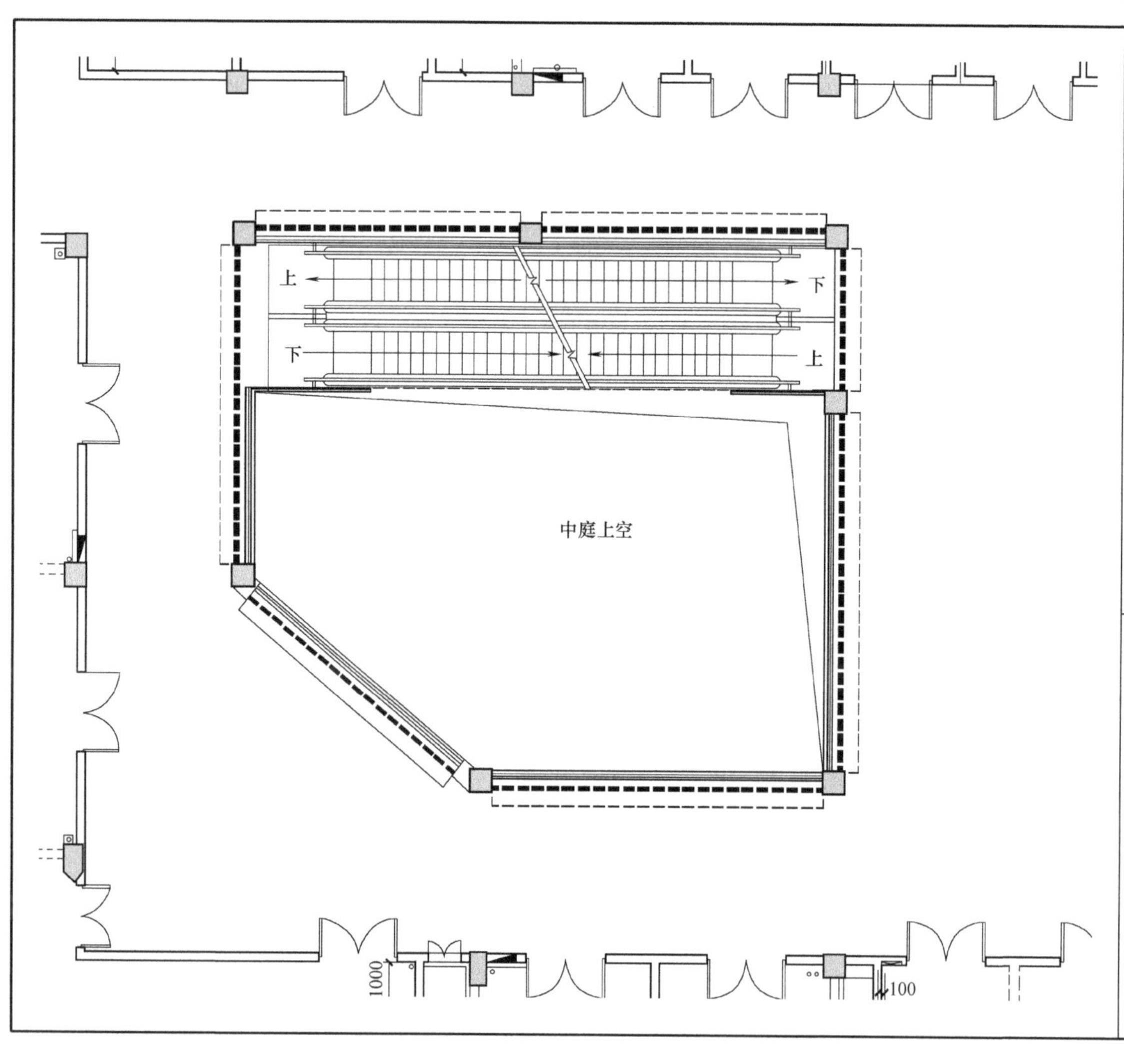

案例描述：

建筑内中庭处采用防火卷帘进行防火分隔时，部分设计师认为防火卷帘局部应改为防火墙，在防火墙上开设为自动扶梯上的人员疏散使用的防火门。

分析及解决：

1. 本设计可行。
2. 需在相关说明或图中索引指出设延迟降落。

相关规范：

《防火卷帘、防火门、防火窗施工及验收规范》GB 50877—2014 第 6.4.6 条：安装在疏散通道处的防火卷帘应具有两部关闭性能。即控制箱收到报警信号后，控制防火卷帘自动关闭至中位处停止，延时 5～60s 后继续关闭至全闭；或控制箱接第一次报警信号后，控制防火卷帘自动关闭至中位处停止，接第二次报警信号后继续关闭至全闭。

71. 疏散走道上是否可设置普通门

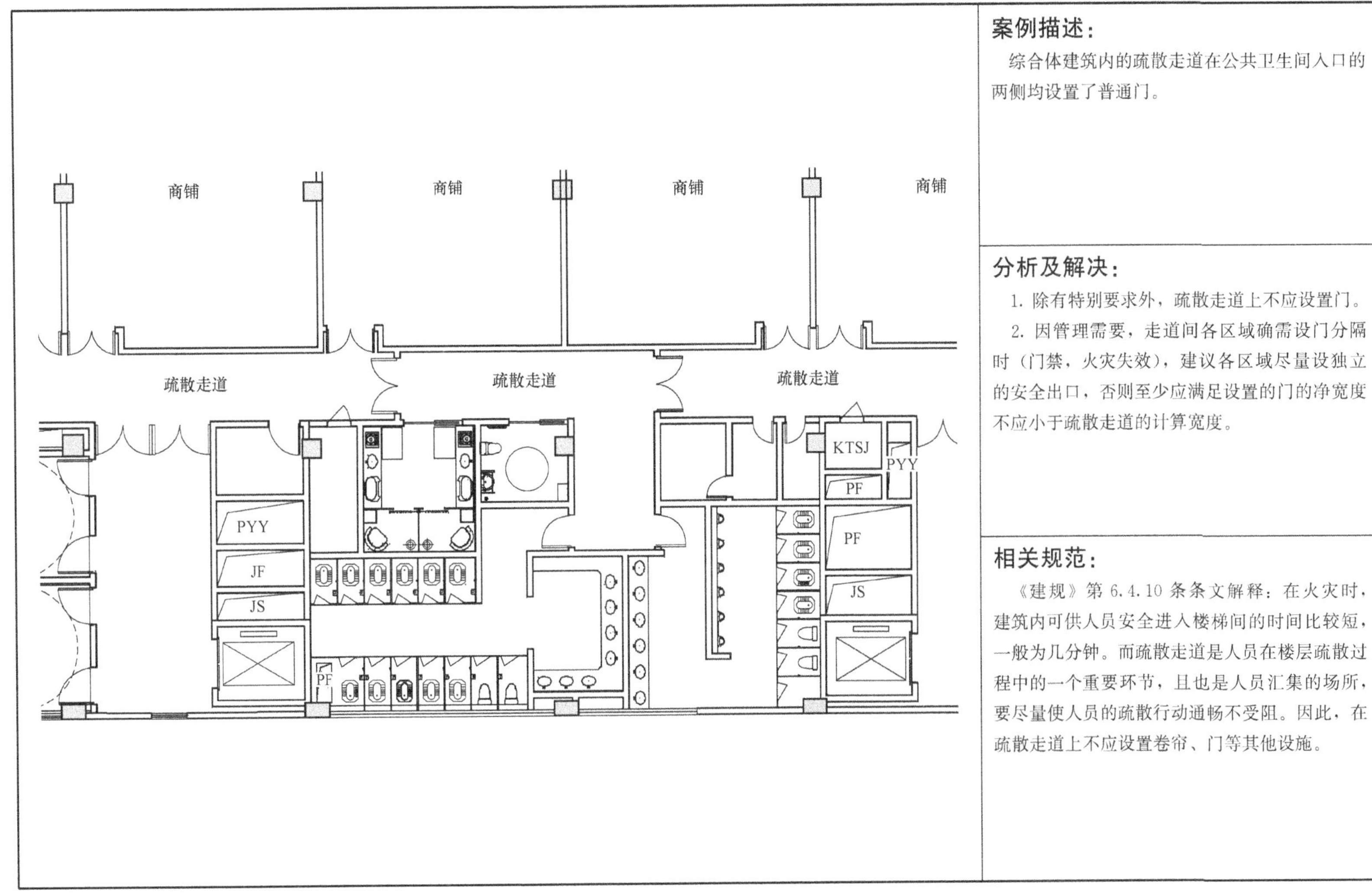

案例描述：

综合体建筑内的疏散走道在公共卫生间入口的两侧均设置了普通门。

分析及解决：

1. 除有特别要求外，疏散走道上不应设置门。

2. 因管理需要，走道间各区域确需设门分隔时（门禁，火灾失效），建议各区域尽量设独立的安全出口，否则至少应满足设置的门的净宽度不应小于疏散走道的计算宽度。

相关规范：

《建规》第 6.4.10 条条文解释：在火灾时，建筑内可供人员安全进入楼梯间的时间比较短，一般为几分钟。而疏散走道是人员在楼层疏散过程中的一个重要环节，且也是人员汇集的场所，要尽量使人员的疏散行动通畅不受阻。因此，在疏散走道上不应设置卷帘、门等其他设施。

72. 楼梯疏散门应考虑执手对开启角度的影响

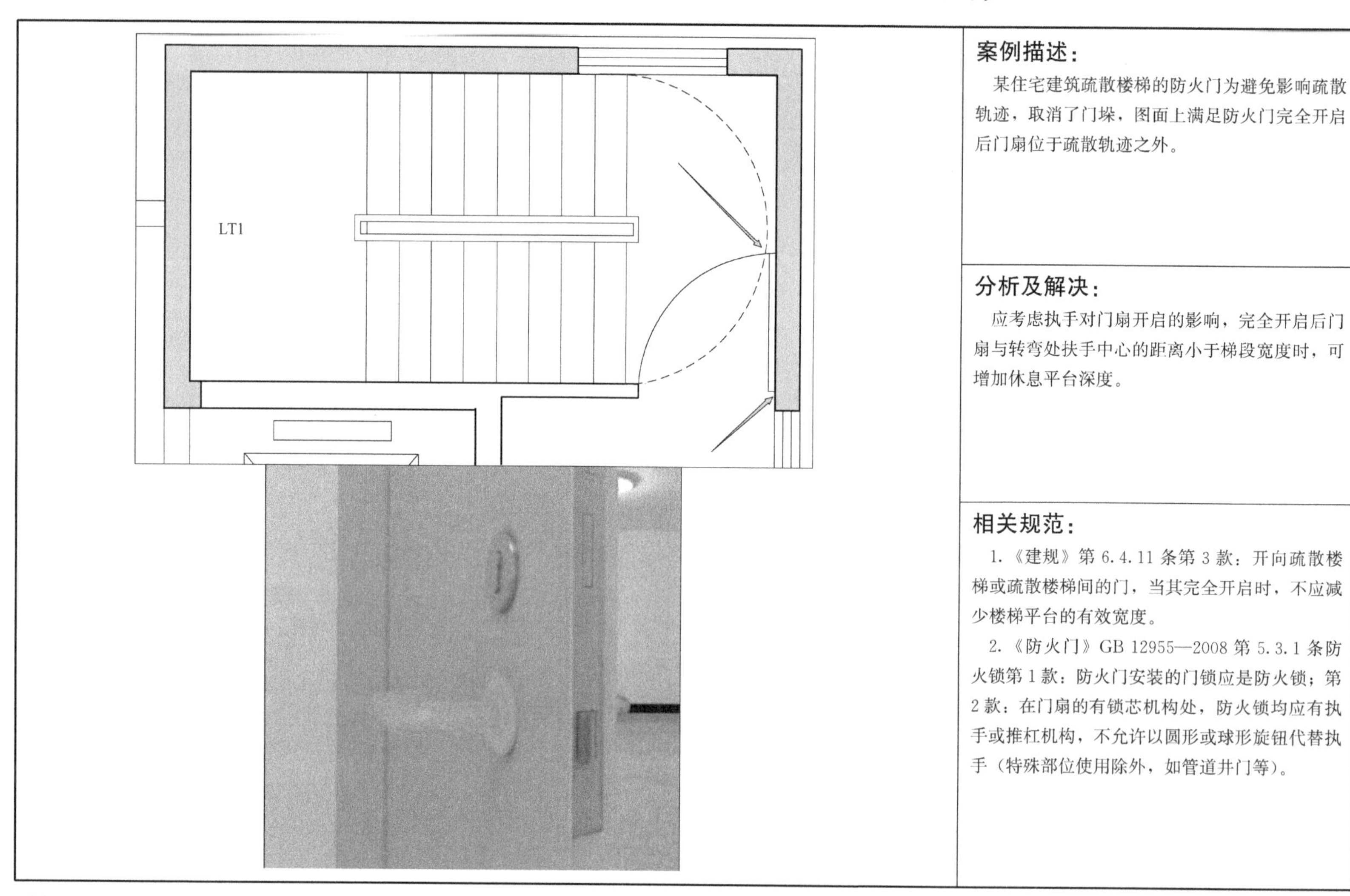

案例描述：

某住宅建筑疏散楼梯的防火门为避免影响疏散轨迹，取消了门垛，图面上满足防火门完全开启后门扇位于疏散轨迹之外。

分析及解决：

应考虑执手对门扇开启的影响，完全开启后门扇与转弯处扶手中心的距离小于梯段宽度时，可增加休息平台深度。

相关规范：

1.《建规》第 6.4.11 条第 3 款：开向疏散楼梯或疏散楼梯间的门，当其完全开启时，不应减少楼梯平台的有效宽度。

2.《防火门》GB 12955—2008 第 5.3.1 条防火锁第 1 款：防火门安装的门锁应是防火锁；第 2 款：在门扇的有锁芯机构处，防火锁均应有执手或推杠机构，不允许以圆形或球形旋钮代替执手（特殊部位使用除外，如管道井门等）。

73. 无座会议室的人数计算及疏散门开启方向

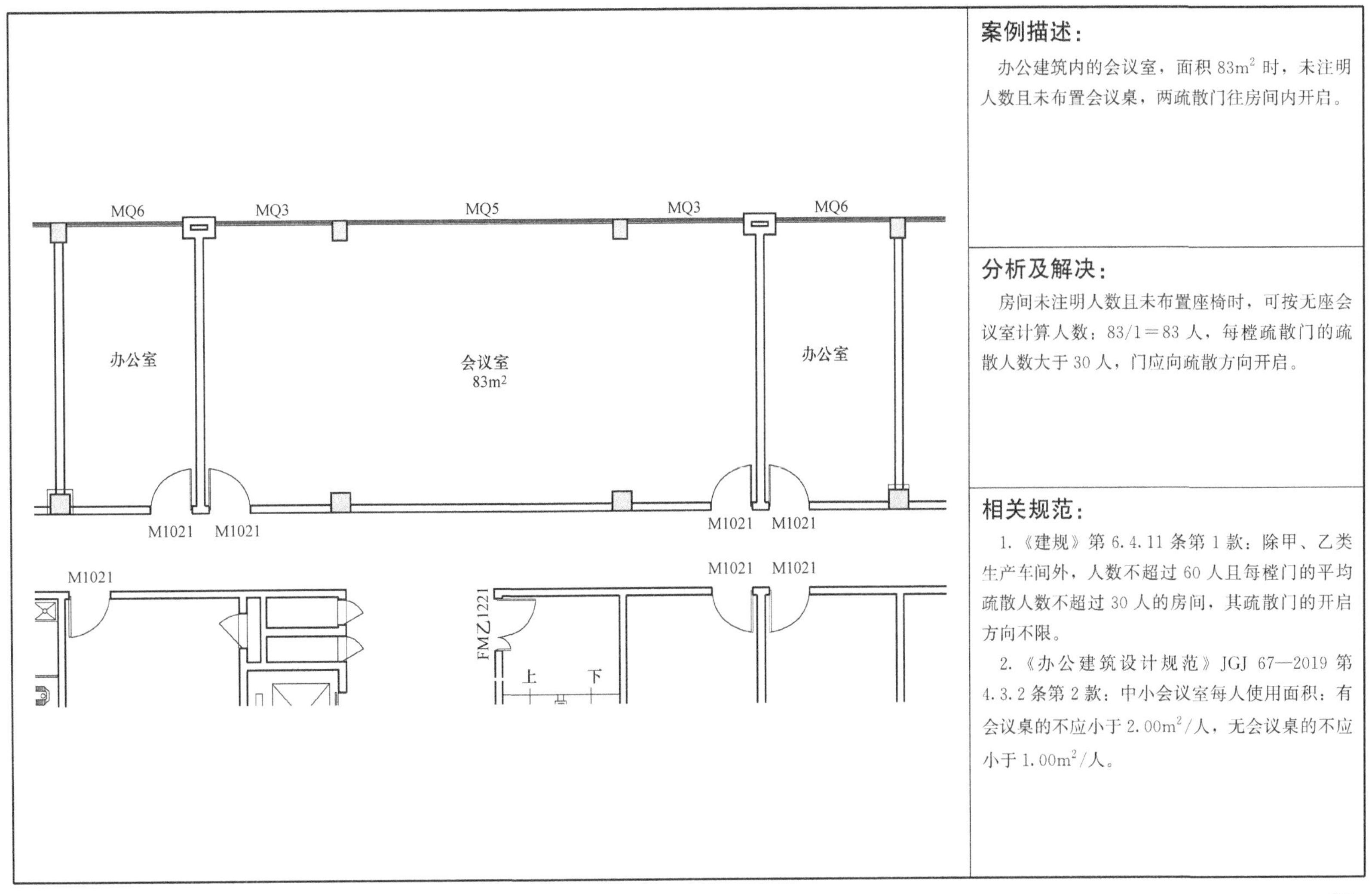

案例描述：

办公建筑内的会议室，面积 83m² 时，未注明人数且未布置会议桌，两疏散门往房间内开启。

分析及解决：

房间未注明人数且未布置座椅时，可按无座会议室计算人数：83/1＝83 人，每樘疏散门的疏散人数大于 30 人，门应向疏散方向开启。

相关规范：

1.《建规》第 6.4.11 条第 1 款：除甲、乙类生产车间外，人数不超过 60 人且每樘门的平均疏散人数不超过 30 人的房间，其疏散门的开启方向不限。

2.《办公建筑设计规范》JGJ 67—2019 第 4.3.2 条第 2 款：中小会议室每人使用面积：有会议桌的不应小于 2.00m²/人，无会议桌的不应小于 1.00m²/人。

74. 非中庭处的自动扶梯的防火卷帘长度如何控制

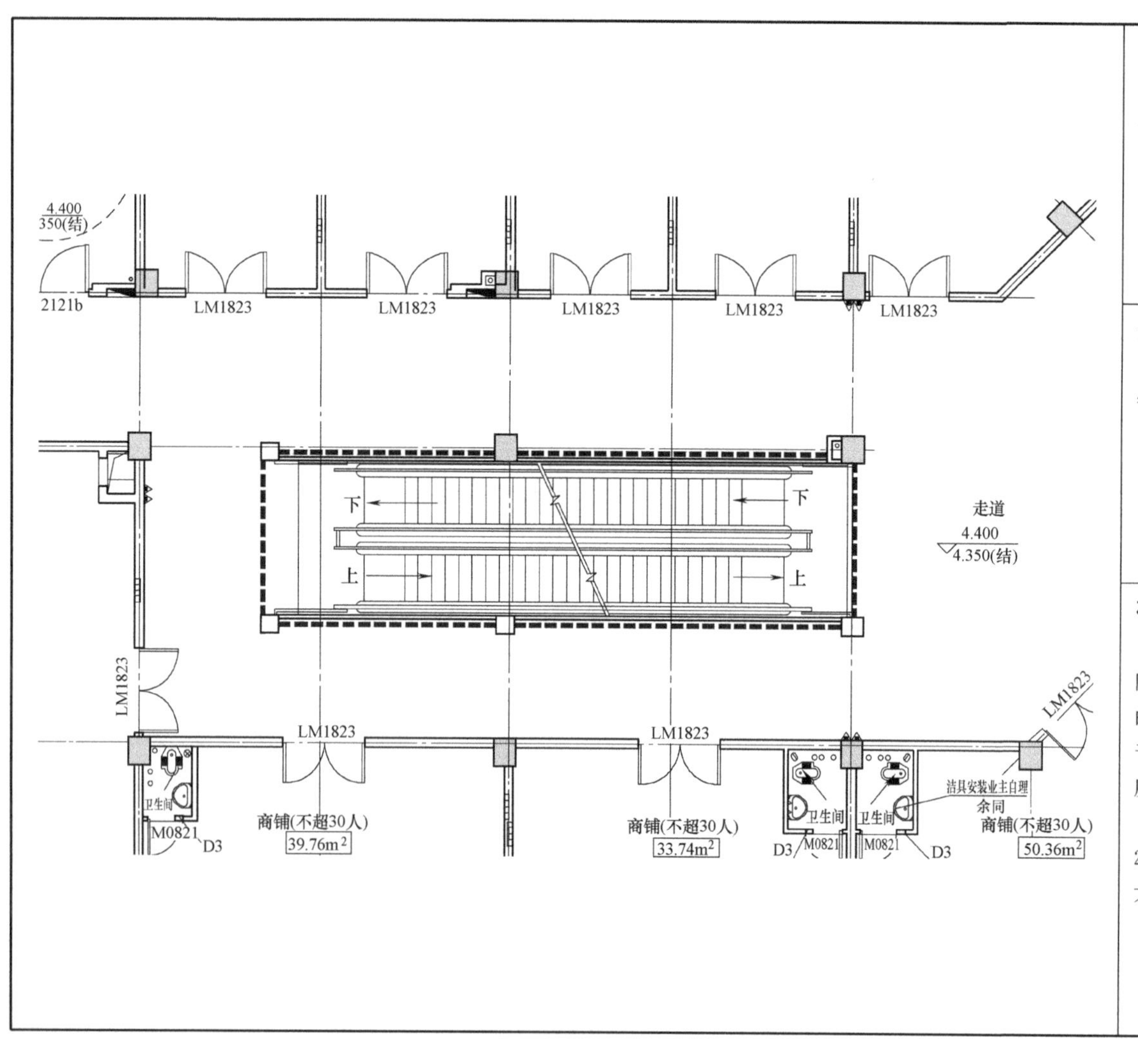

案例描述：

自动扶梯处的防火卷帘长度按中庭的防火卷帘长度设计。

分析及解决：

单独的自动扶梯不等于中庭，应按要求控制卷帘长度。

相关规范：

1. 《建规》第 6.5.3 条第 1 款：除中庭外，当防火分隔部位的宽度不大于 30m 时，防火卷帘的宽度不应大于 10m；当防火分隔部位的宽度大于 30m 时，防火卷帘的宽度不应大于该部位宽度的 1/3，且不应大于 20m。

2. 《民用建筑设计术语标准》GB/T 50504—2009 第 2.5.23 条中庭：建筑中贯通多层的室内大厅。

75. 地下车库坡道上是否可设置防火卷帘

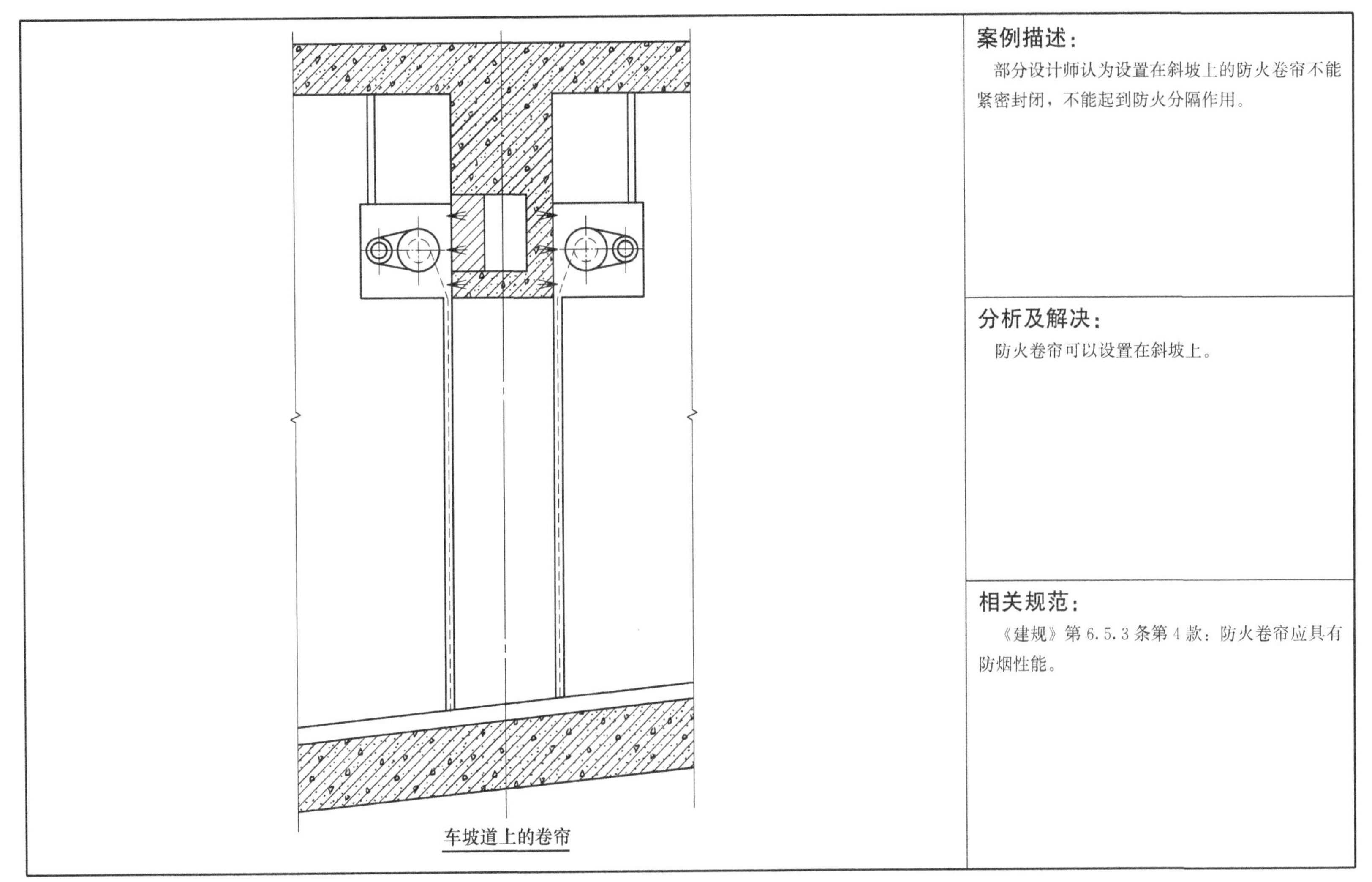

车坡道上的卷帘

案例描述：

部分设计师认为设置在斜坡上的防火卷帘不能紧密封闭，不能起到防火分隔作用。

分析及解决：

防火卷帘可以设置在斜坡上。

相关规范：

《建规》第 6.5.3 条第 4 款：防火卷帘应具有防烟性能。

76. 利用天桥做安全出口的建筑疏散宽度如何控制

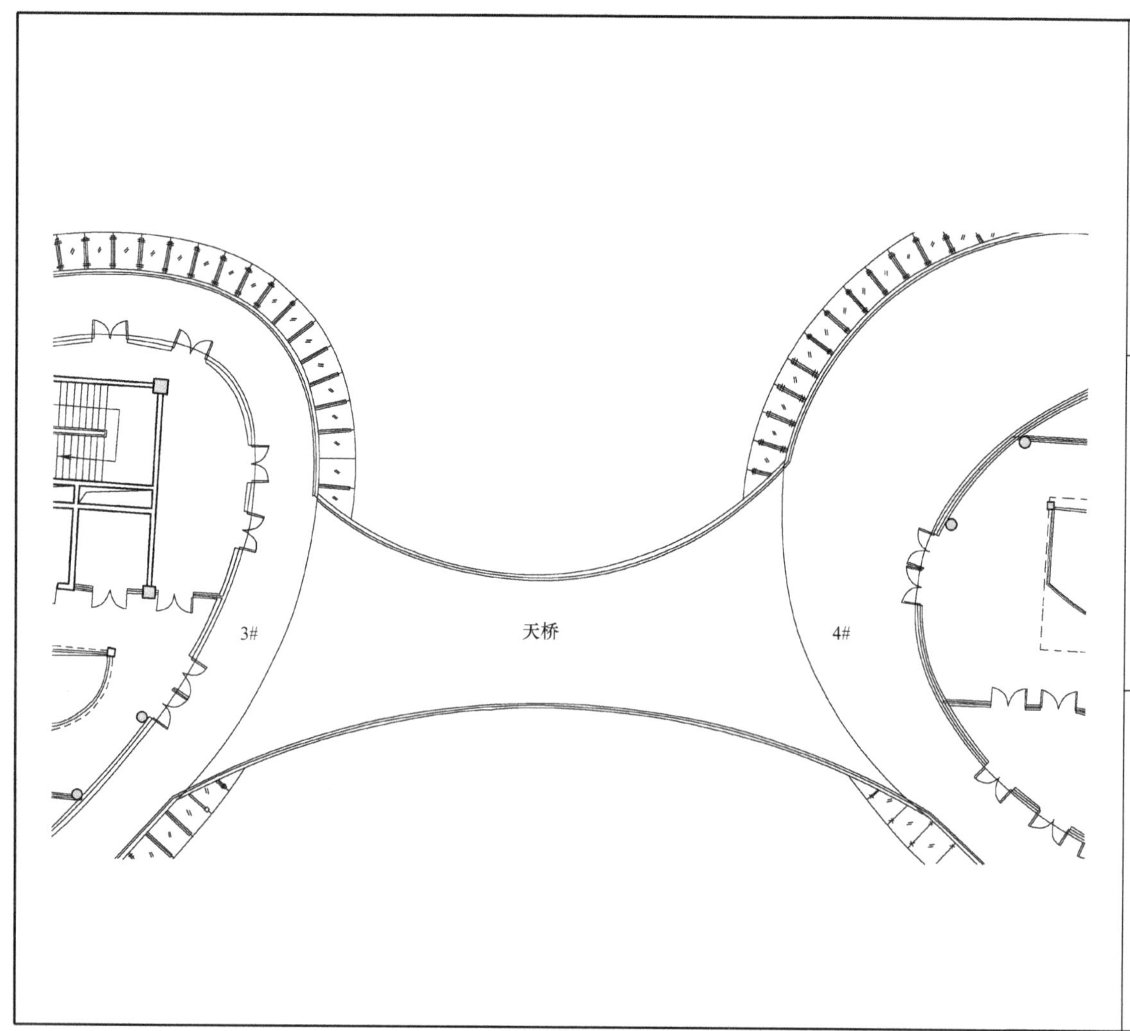

案例描述：

3＃建筑所需疏散宽度为10.8m，设计楼梯宽度为8m，剩余的2.8m利用与4＃建筑相连的天桥解决。部分设计师认为4＃建筑的疏散宽度除满足本栋的宽度计算外，还应考虑3＃建筑借用的2.8m。

分析及解决：

与《建规》第5.5.9条的借用情况不一样，5.5.9条的前提是指同一栋建筑内的不同防火分区，所以有借有还。天桥作为安全出口时，连系的是不同的建筑，非5.5.9条的防火分区概念，因此4＃建筑的疏散宽度计算可不考虑3＃建筑的2.8m。

相关规范：

《建规》第6.6.4条：连接两座建筑物的天桥、连廊，应采取防止火灾在两座建筑间蔓延的措施。当仅供通行的天桥，连廊采用不燃材料，且建筑物通向天桥、连廊的出口符合安全出口的要求时，该出口可作为安全出口。

77. 保温材料如何定量低烟低毒

燃烧性能附加分级	产烟量	不低于s2级	GB/T 20284
	燃烧滴落物/微粒	不低于d1级	GB/T 8626和GB/T 20284
	产烟毒性	不低于t1级	GB/T 20285

表B.1　产烟特性等级和分级判据

产烟特性等级	试验方法	分级判据	
s1	GB/T 20284	除铺地制品和管状绝热制品外的建筑材料及制品	烟气生成速率指数SMOGRA≤30m²/s²；试验600s，总烟气生成量TSP_{600s}≤50m²
		管状绝热制品	烟气生成速率指数SMOGRA≤105m²/s²；试验600s，总烟气生成量TSP_{600s}≤250m²
	GB/T 11785	铺地材料	产烟量≤750%×min
s2	GB/T 20284	除铺地制品和管状绝热制品外的建筑材料及制品	烟气生成速率指数SMOGRA≤180m²/s²；试验600s总烟气生成量TSP_{600s}≤200m²
		管状绝热制品	烟气生成速率指数SMOGRA≤580m²/s²；试验600s总烟气生成量TSP_{600s}≤1600m²
	GB/T 11785	铺地材料	未达到s1
s3	GB/T 20284	未达到s2	

表B.2　燃烧滴落物/微粒等级和分级判据

燃烧滴落物/微粒等级	试验方法	分级判据
d0	GB/T 20284	600s内无燃烧滴落物/微粒
d1		600s内燃烧滴落物/微粒，持续时间不超过10s
d2		未达到d1

表B.3　烟气毒性等级和分级判据

烟气毒性等级	试验方法	分级判据
t0	GB/T 20285	达到准安全一级ZA_1
t1		达到准安全三级ZA_3
t2		未达到准安全三级ZA_3

级别	安全级(AQ)		准安全级(ZA)			危险级(WX)
	AQ_1	AQ_2	ZA_1	ZA_2	ZA_3	
浓度(mg/L)	≥100	≥50.0	≥25.0	≥12.4	≥6.15	<6.15
要求	麻醉性	实验小鼠30min染毒期内无死亡(包括染毒后1h内)				
	刺激性	实验小鼠在染毒后3天内平均体重恢复				

案例描述：

用于外墙内保温的B1级难燃型挤塑聚苯板，图面上未注明“低烟、低毒”。市场上此类产品基本无法达到低烟低毒的要求，故厂家提供的产品参数中无相关检测数据。

分析及解决：

1. 设计图中注明“低烟、低毒”，并要求厂方提供相关参数。

2. 由于专项规范的分级标准与《建规》的“低烟低毒”的表述不一致，故不能准确判断出《建规》的“低烟低毒”与专项规范的哪种分级相对应。建议参考《外墙内保温工程技术规程》JGJ/T 261—2011中的分级要求。(建议不一定准确)

相关规范：

1. 《建规》第6.7.2条第2款：对于其他场所，应采用低烟、低毒且燃烧性能不低于B1级的保温材料。

2. 《外墙内保温工程技术规程》JGJ/T 261—2011表4.1.1。

3. 《建筑材料及制品燃烧性能分级》GB 8624—2012附录B第B.1.2：A2级、B级和C级建筑材料及制品应给出以下附加信息：产烟特性等级；燃烧滴落物/微粒等级；烟气毒性等级。

4. 《建筑材料及制品燃烧性能分级》GB 8624—2012附录B表B.1、表B.2、表B.3。

5. 《材料产烟毒性危险分级》GB/T 20285—2006第5.1.2条表1。

78. 住宅建筑外墙采用B1级保温材料时相应的防火措施如何设计

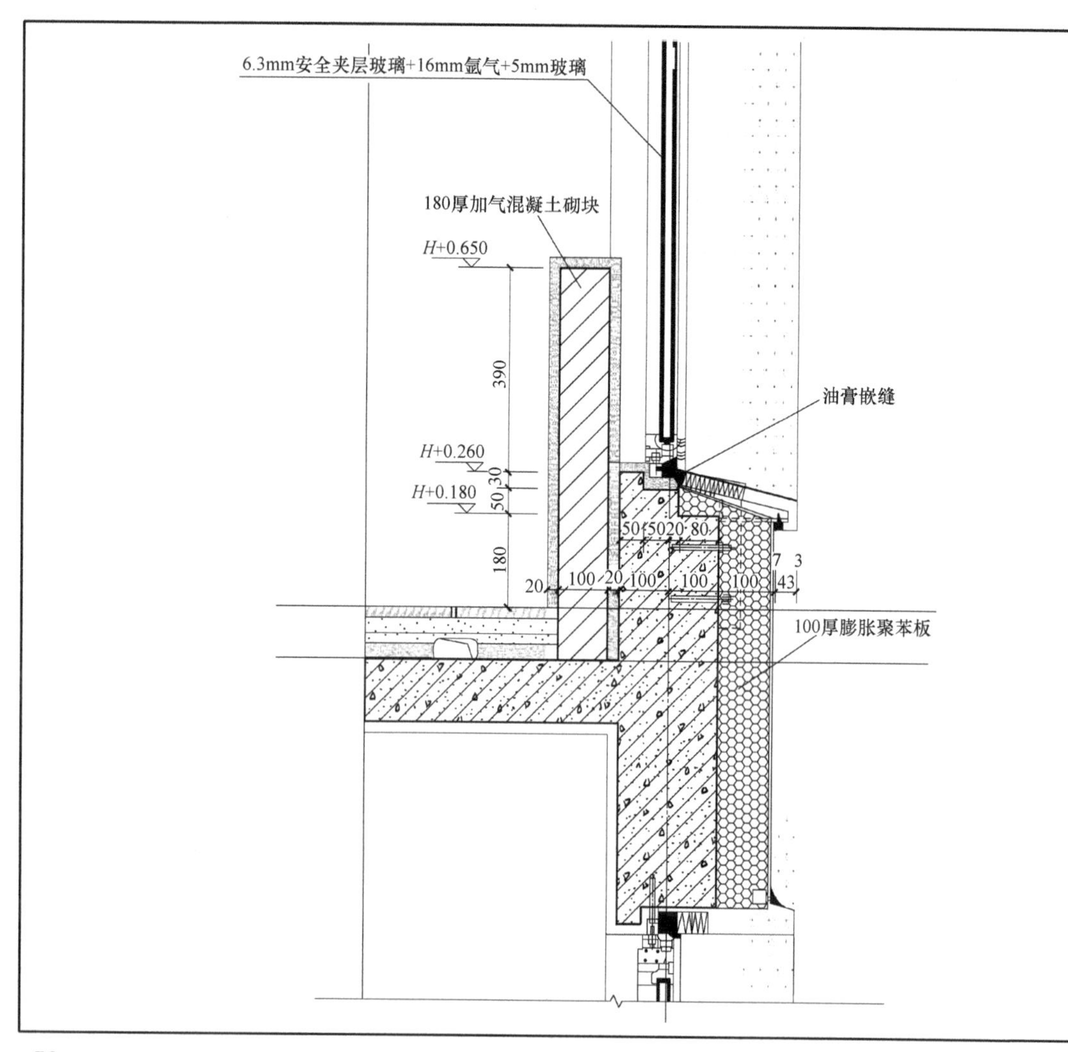

案例描述：

建筑高度超过27m的住宅，外墙外保温采用B1级的难燃型挤塑聚苯板时，未采用耐火完整性不低于0.50h的外窗、未在层间设置防火隔离带。

分析及解决：

1. 采用耐火完整性不低于0.50h的C0.50玻璃、层间增加防火隔离带。

2. 普通玻璃一般耐火完整性为5min，钢化玻璃根据厚度不同15～30min，铝合金框料耐火完整性一般为10min。

相关规范：

《建规》第6.7.7条第1款：除采用B1级保温材料且建筑高度不大于24m的公共建筑或采用B1级保温材料且建筑高度不大于27m的住宅建筑外，建筑外墙上门、窗的耐火完整性不应低于0.50h；第2款：应在保温系统中每层设置水平防火隔离带。防火隔离带应采用燃烧性能为A级的材料，防火隔离带的高度不应小于300mm。

79. 建筑大底盘高度大于24m时消防车道如何设计

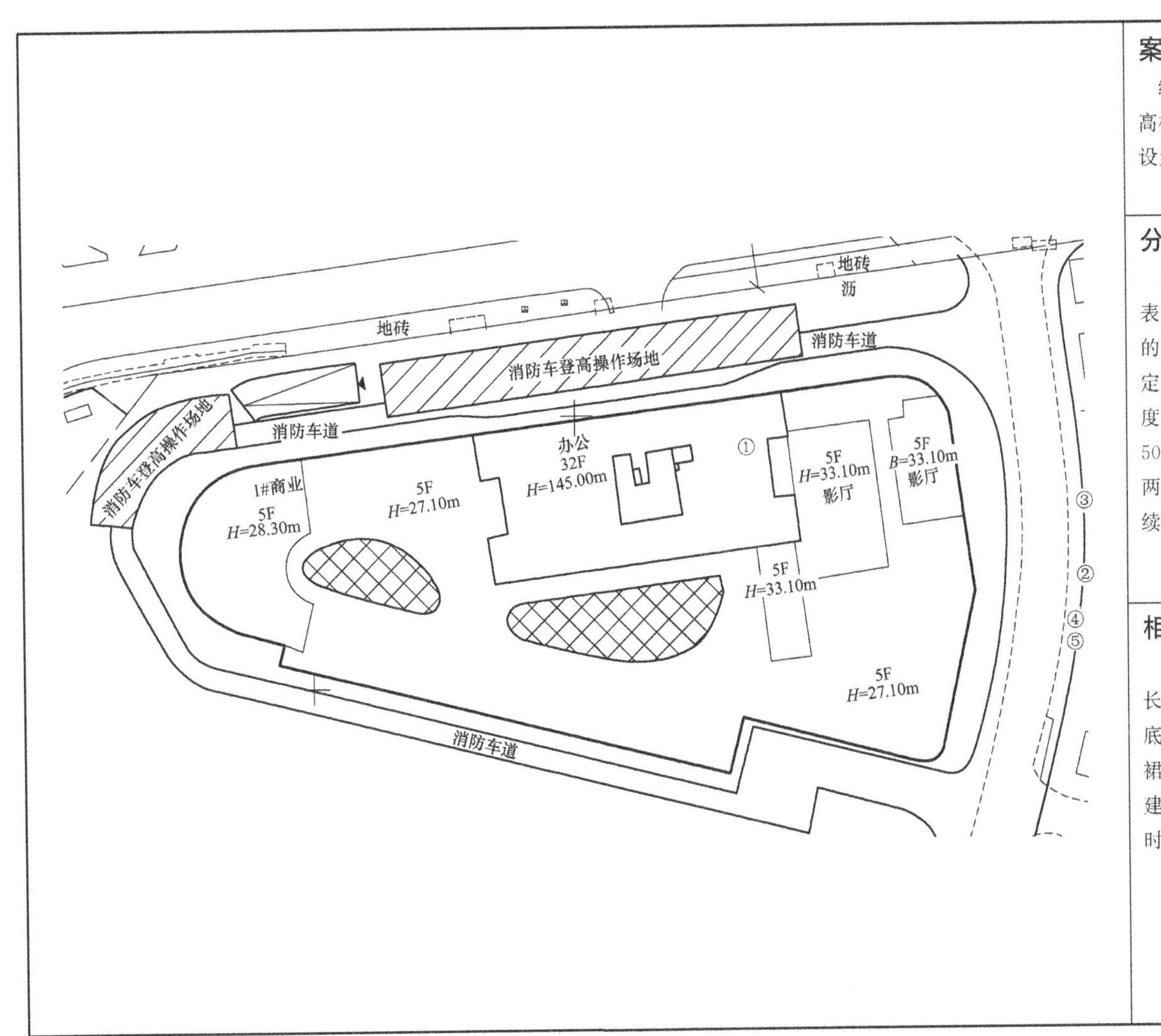

案例描述：

综合体建筑大底盘建筑高度超过24m、建筑最高标高145m时，消防车登高操作场地分段设置。

分析及解决：

大底盘建筑高度大于24m时，不应按《建规》表5.2.2注6“相邻建筑通过连廊、天桥或底部的建筑物等连接时，其间距不应小于本表的规定”分别考虑各塔楼的消防车登高操作场地长度，应整体按一栋高层建筑考虑。建筑高度大于50m时，消防车登高操作场地应连续布置。取消两个消防车登高操作场地之间的坡道，做一个连续的消防车登高操作场地。

相关规范：

《建规》第7.2.1条：高层建筑应至少沿一个长边或周边长度的1/4且不小于一个长边长度的底边连续布置消防车登高操作场地，该范围内的裙房进深不应大于4m。建筑高度不大于50m的建筑，连续布置消防车登高操作场地确有困难时，可间隔布置。

80. 非机动车库出入口是否可设置在消防车登高场地与建筑之间

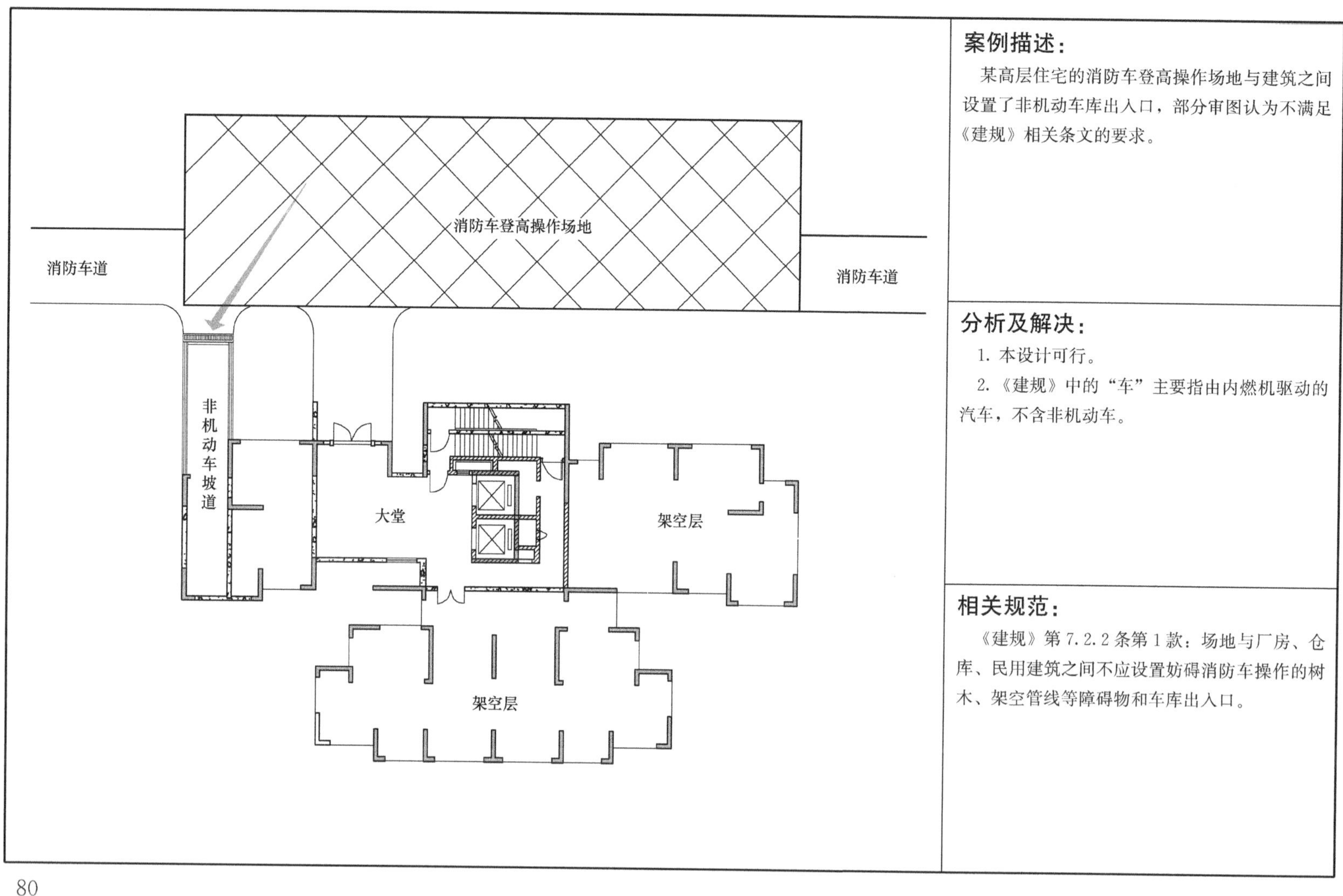

案例描述：

某高层住宅的消防车登高操作场地与建筑之间设置了非机动车库出入口，部分审图认为不满足《建规》相关条文的要求。

分析及解决：

1. 本设计可行。

2. 《建规》中的“车”主要指由内燃机驱动的汽车，不含非机动车。

相关规范：

《建规》第7.2.2条第1款：场地与厂房、仓库、民用建筑之间不应设置妨碍消防车操作的树木、架空管线等障碍物和车库出入口。

81. 建筑外墙设置装饰性幕墙时救援窗如何设计

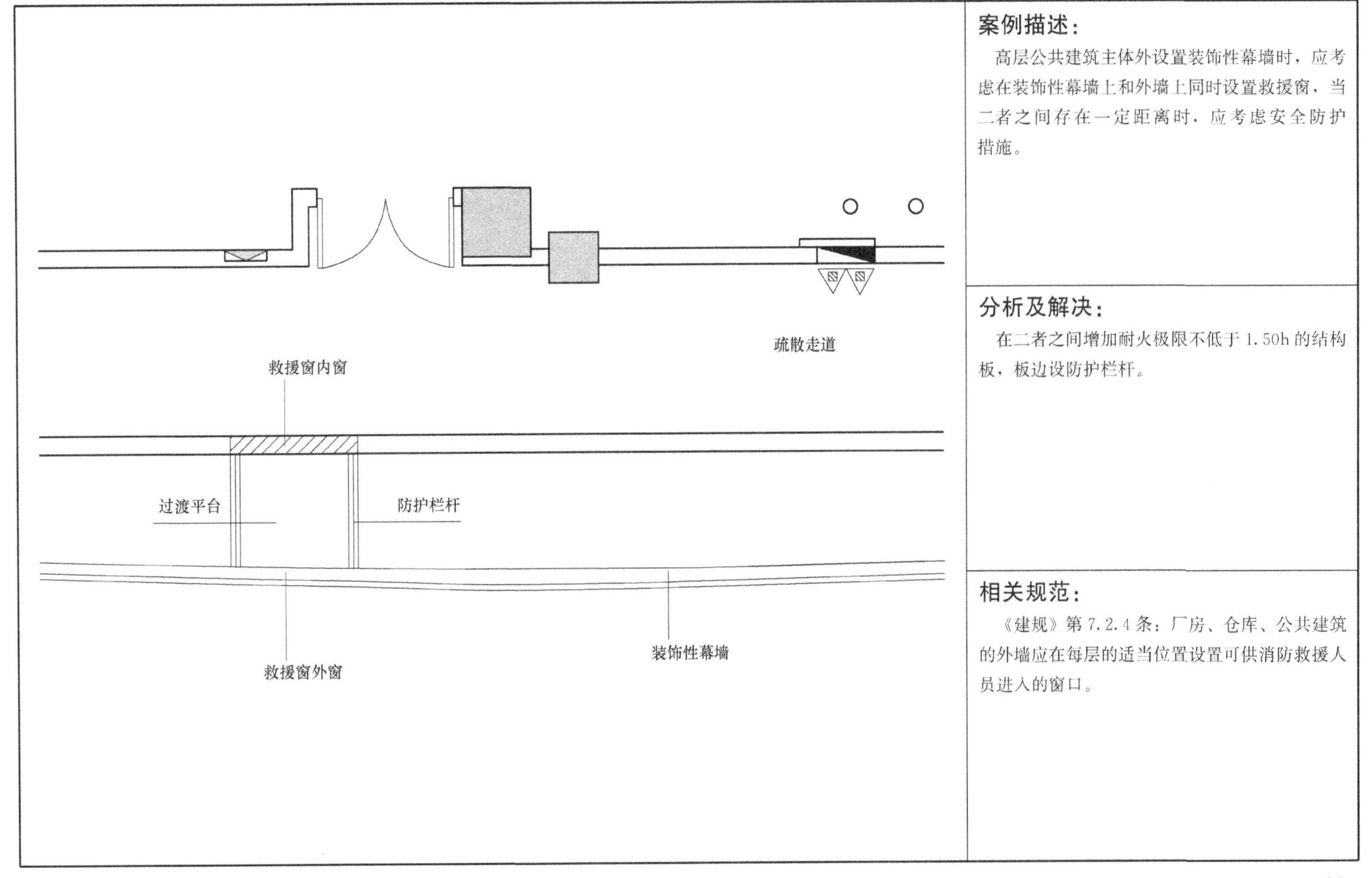

案例描述：

高层公共建筑主体外设置装饰性幕墙时，应考虑在装饰性幕墙上和外墙上同时设置救援窗，当二者之间存在一定距离时，应考虑安全防护措施。

分析及解决：

在二者之间增加耐火极限不低于 1.50h 的结构板，板边设防护栏杆。

相关规范：

《建规》第 7.2.4 条：厂房、仓库、公共建筑的外墙应在每层的适当位置设置可供消防救援人员进入的窗口。

82. 救援窗口净尺寸如何控制

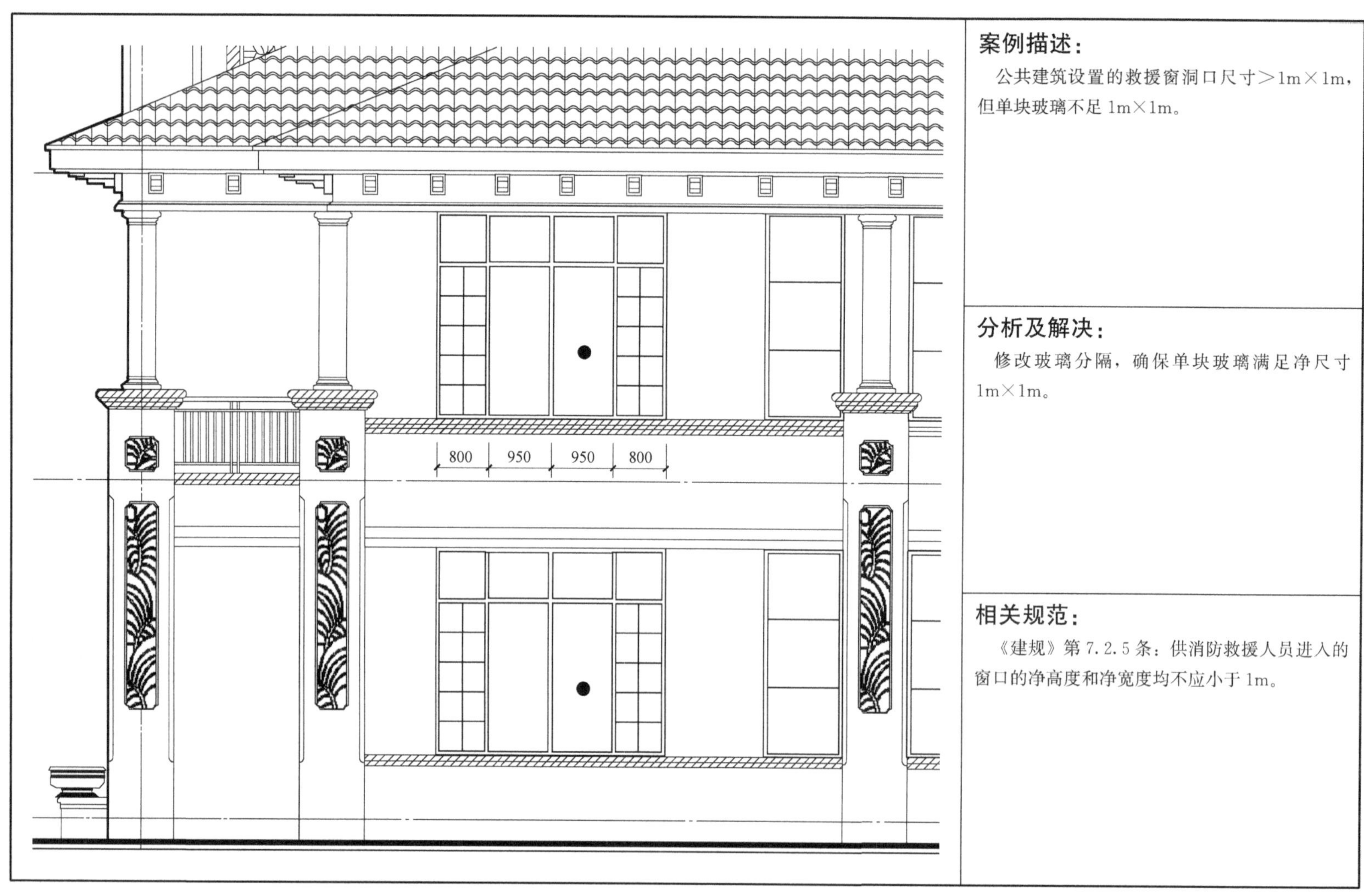

案例描述：

公共建筑设置的救援窗洞口尺寸＞1m×1m，但单块玻璃不足1m×1m。

分析及解决：

修改玻璃分隔，确保单块玻璃满足净尺寸1m×1m。

相关规范：

《建规》第7.2.5条：供消防救援人员进入的窗口的净高度和净宽度均不应小于1m。

83. 地下汽车库是否需要设置消防电梯

《建筑设计防火规范》国家标准管理组

建规字【2017】20号

关于疏散楼梯和消防电梯设置问题的复函

深圳市同济人建筑设计有限公司：

来函收悉。经研究，函复如下：

来函所述的地下汽车库与其他建筑合建，汽车库与其他使用功能场所之间采用防火墙和耐火极限不低于2.00h的不燃性楼板完全分隔。有关汽车库与其他使用功能场所的疏散楼梯和消防电梯的设置要求，可分别根据各自区域的建筑埋深和现行国家标准《汽车库、修车库、停车场设计防火规范》GB 50067-2014、《建筑设计防火规范》GB 50016-2014的规定确定。

此复。

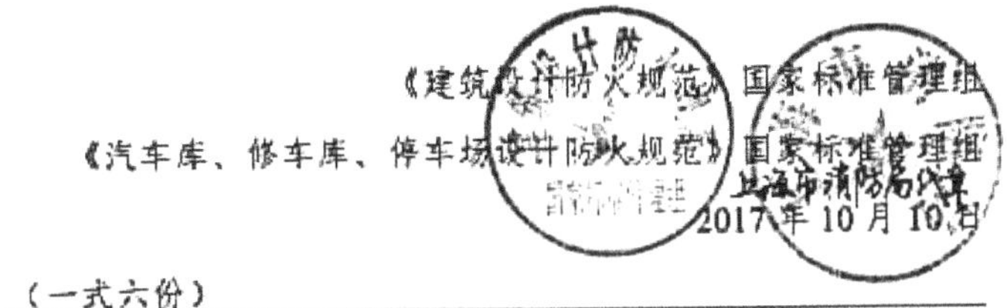

《建筑设计防火规范》国家标准管理组

《汽车库、修车库、停车场设计防火规范》国家标准管理组

2017年10月10日

（一式六份）

报：公安部消防局

抄：公安部天津消防研究所科技处、公安部四川消防研究所

案例描述：

地下汽车库每个防火分区都设置了消防电梯。

分析及解决：

地下汽车库可不设消防电梯。

相关规范：

1.《建规》第7.3.1条第3款：设置消防电梯的建筑的地下或半地下室，埋深大于10m且总建筑面积大于3000m^{2}的其他地下或半地下建筑（室）。

2.《汽车库、修车库、停车场设计防火规范》GB 50067—2014第6.0.4条：除室内无车道且无人员停留的机械式汽车库外，建筑高度大于32m的汽车库应设置消防电梯。

84. 商业与车库组合建造时如何设置消防电梯

收集了以下四家审图单位意见：意见1：商业防火分区必须每个防火分区设一台，可以两个共用一台，设备防火分区可不设。意见2：商业防火分区每个防火分区设一台，设备防火分区可不设。意见3：商业每个防火分区必须设一台。设备防火分区小的，直接给车库用的，直接放在车库防火分区内。集中的应设一台。意见4：只要能符合规范，且能自圆其说。就可以。综合以上意见：建议商业按每个防火分区设一个，设备用房如超过10m设一个。

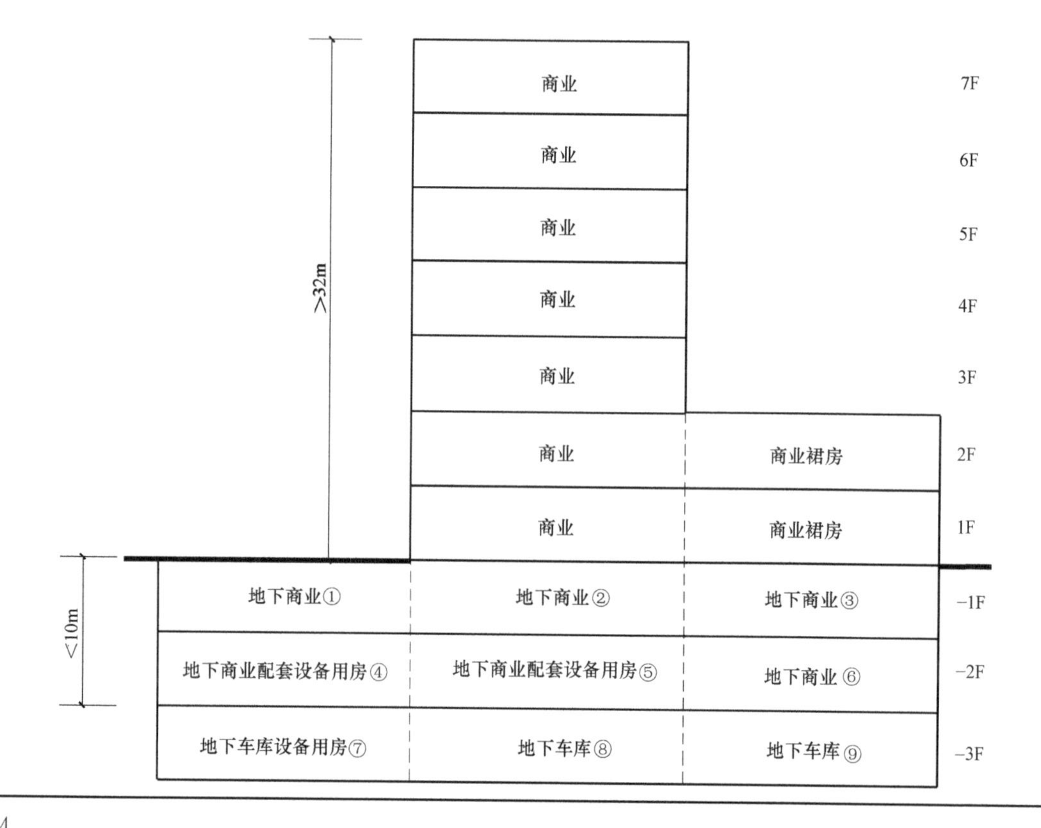

案例描述：

建筑高度大于 32m 的商业综合体，地下设 2 层商业、1 层车库，就地下室如何设置消防电梯咨询 4 家审图公司结论如左侧所列。

分析及解决：

1. 一1、一2 层按《建规》相关要求：上部无消防电梯，因此①③④⑥不设；上部有消防电梯，因此②⑤设。

2. 一3 层按《汽车库、修车库、停车场设计防火规范》相关要求：⑦⑧⑨均不设。

相关规范：

1.《关于疏散楼梯和消防电梯设置问题的复函》（建规字［2017］20 号）：有关汽车库与其他使用功能场所的疏散楼梯和消防电梯的设置要求，可分别根据各自区域的建筑埋深和现行国家标准《汽车库、修车库、停车场设计防火规范》GB 50067 和《建规》的规定确定。

2.《建规》第 7.3.1 条第 3 款：设置消防电梯的建筑的地下或半地下室，埋深大于 10m 且总建筑面积大于 $3000m^2$ 的其他地下或半地下建筑（室）。

3.《建规》第 7.3.1 条条文解释：本条第 3 款中“设置消防电梯的建筑的地下或半地下室”应设置消防电梯，主要指当建筑的上部设置了消防电梯且建筑有地下室时，该消防电梯应延伸到地下部分；除此之外，地下部分是否设置消防电梯应根据其埋深和总建筑面积来确定。

4.《汽车库、修车库、停车场设计防火规范》GB 50067—2014 第 6.0.4 条：除室内无车道且无人员停留的机械式汽车库外，建筑高度大于 32m 的汽车库应设置消防电梯。

85. 疏散走道两侧墙体上开设的门窗是否需要做防火处理

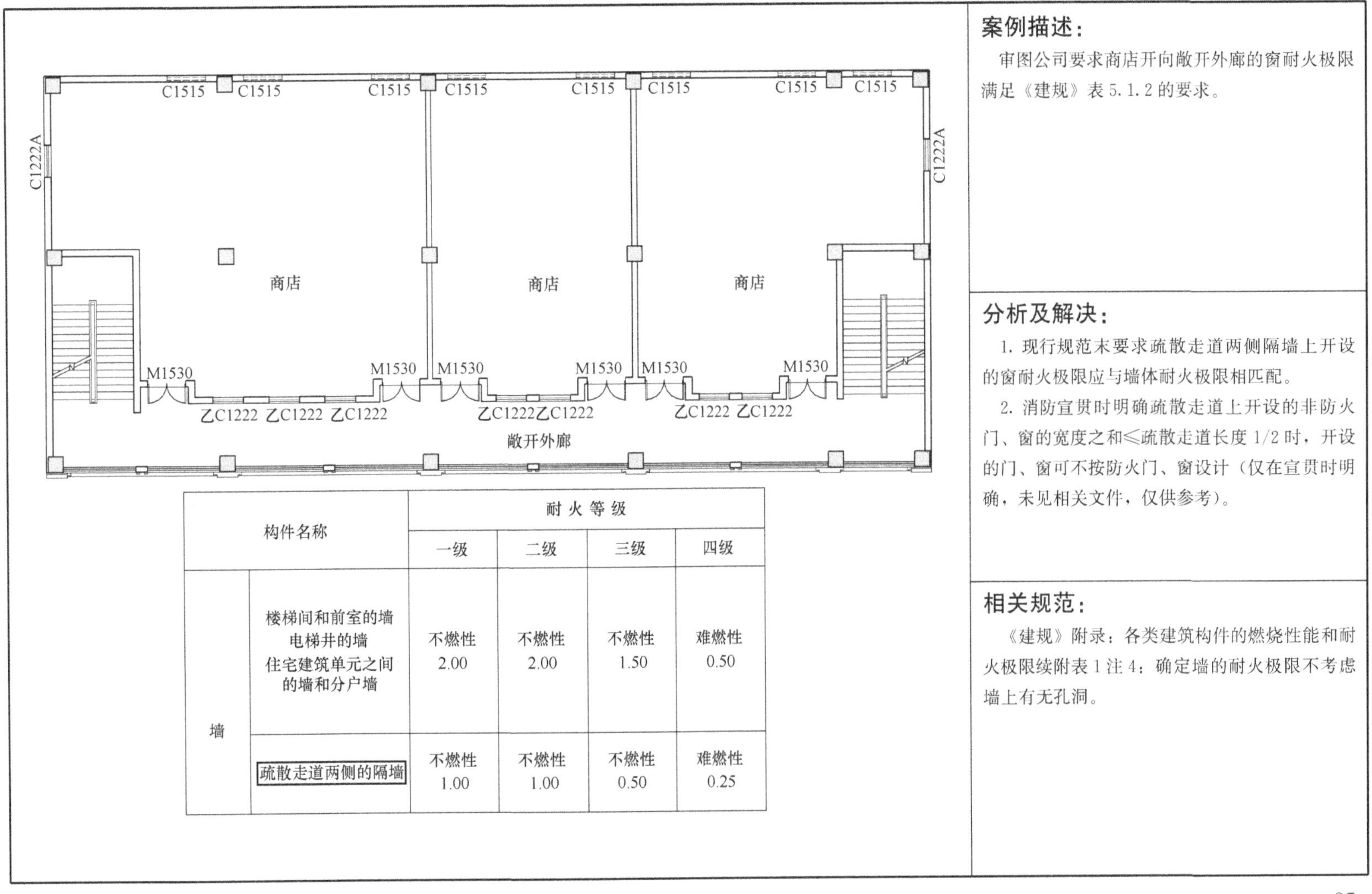

构件名称		耐火等级			
		一级	二级	三级	四级
墙	楼梯间和前室的墙 电梯井的墙 住宅建筑单元之间的墙和分户墙	不燃性 2.00	不燃性 2.00	不燃性 1.50	难燃性 0.50
	疏散走道两侧的隔墙	不燃性 1.00	不燃性 1.00	不燃性 0.50	难燃性 0.25

案例描述：

审图公司要求商店开向敞开外廊的窗耐火极限满足《建规》表 5.1.2 的要求。

分析及解决：

1. 现行规范未要求疏散走道两侧隔墙上开设的窗耐火极限应与墙体耐火极限相匹配。

2. 消防宣贯时明确疏散走道上开设的非防火门、窗的宽度之和≤疏散走道长度 1/2 时，开设的门、窗可不按防火门、窗设计（仅在宣贯时明确，未见相关文件，仅供参考）。

相关规范：

《建规》附录：各类建筑构件的燃烧性能和耐火极限续附表 1 注 4：确定墙的耐火极限不考虑墙上有无孔洞。

86. 不同防火分区安全出口、疏散楼梯的借用、共用解析

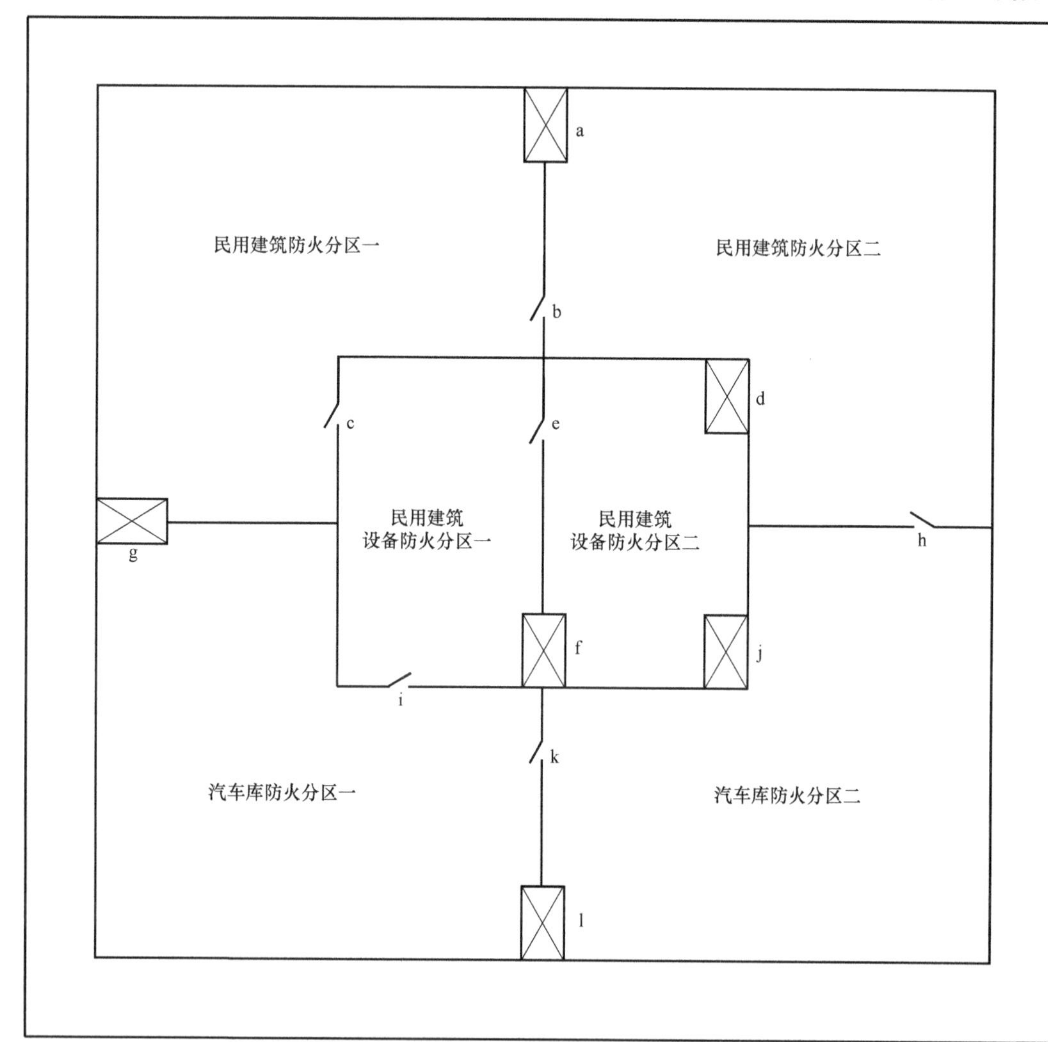

案例描述：

1. 本图仅讨论不同防火分区之间与安全疏散相关的共用、借用情况，不考虑各防火分区的安全出口数量以及其他非疏散类情况。

2. 不考虑特殊情况如：商业安全出口必须与建筑其他部分隔开；防火墙上不应开设门、窗、洞口等。

3. 属于《汽车库、修车库、停车场设计防水规范》GB 50067—2014（以下简称《车规》）第5.1.9条的设备用房可直接设置车库防火分区内，故不再单列汽车库设备防火分区。

4. 图例："/"：甲级防火门；"⊠"：疏散楼梯。

结论：

a.《建规》讨论稿第5.5.9条出现此共用楼梯疏散的形式，正式版删除；编委宜贯时认为可行。

b. 依据《建规》5.5.9条可行。

c.《建规》5.5.9条中并未排除设备用房防火分区，因此从规范字面上可行；编委宣贯时认为不可行：①设备用房不需要进行疏散宽度计算、②设备用房防火分区面积相对原《建规》、《高规》已加大1倍，不应再借用。

d. 参a、c。

e. 参c。

f. 参a、c。

g. 依据《车规》第6.0.7条，民用建筑防火分区为住宅地下室时，车库分区可借用疏散；民用建筑防火分区为非住宅地下室时，车库分区不能借用疏散。

h. 依据《车规》第5.1.6条，不可行。

i. 参h。

j. 参g。

k. 依据《车规》第6.0.2条条文解释，不可行。

l.《车规》管理组在2013年5月给福建省建筑设计研究院复函中认为可行（沪消汽字［2013］第03号）；此函在《车规》发布后作废，因此不可行。

87. 小区地面停车位与住宅建筑是否需要考虑防火间距

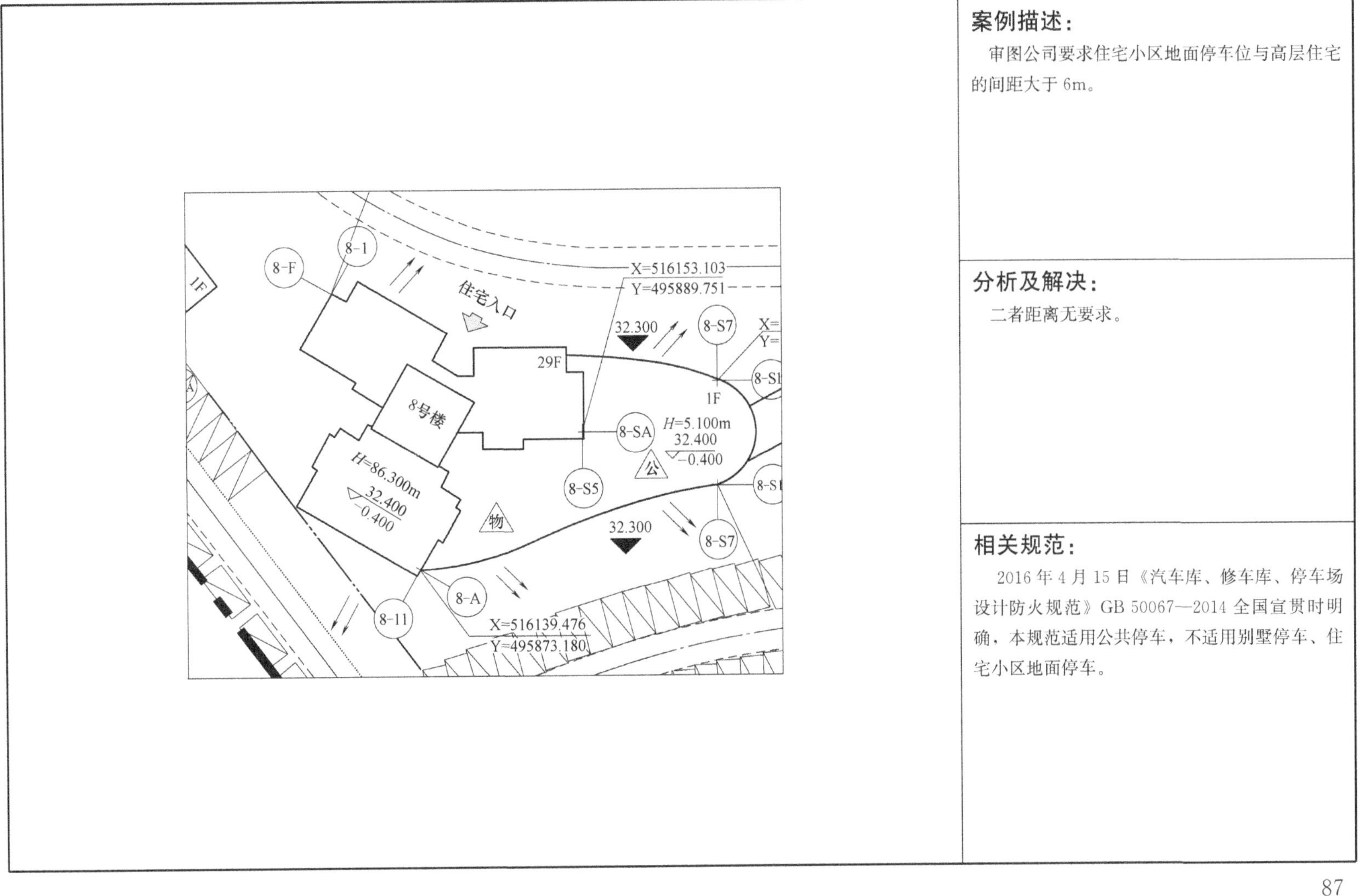

案例描述：

审图公司要求住宅小区地面停车位与高层住宅的间距大于 6m。

分析及解决：

二者距离无要求。

相关规范：

2016 年 4 月 15 日《汽车库、修车库、停车场设计防火规范》GB 50067—2014 全国宣贯时明确，本规范适用公共停车，不适用别墅停车、住宅小区地面停车。

88. 地下商业与地下车库之间是否可利用防火卷帘连通

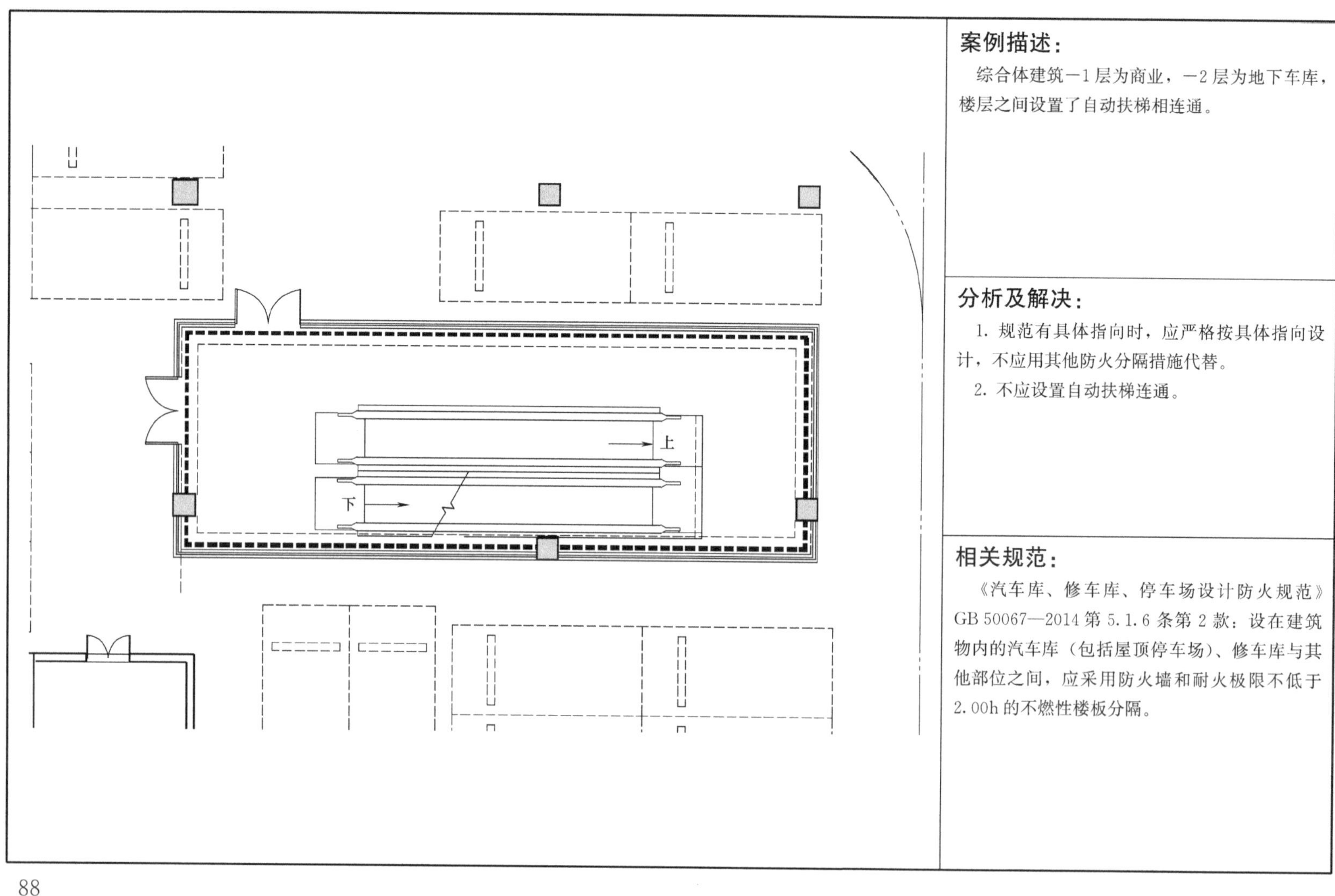

案例描述：

综合体建筑一1层为商业，一2层为地下车库，楼层之间设置了自动扶梯相连通。

分析及解决：

1. 规范有具体指向时，应严格按具体指向设计，不应用其他防火分隔措施代替。

2. 不应设置自动扶梯连通。

相关规范：

《汽车库、修车库、停车场设计防火规范》GB 50067—2014第5.1.6条第2款：设在建筑物内的汽车库（包括屋顶停车场）、修车库与其他部位之间，应采用防火墙和耐火极限不低于2.00h的不燃性楼板分隔。

89. 地下车库是否可以借用、共用疏散楼梯间

国家标准《汽车库、修车库、停车场设计防火规范》管理组

沪消汽字[2013]第03号

关于答复福建省建筑设计研究院关于地下停车库相关问题的函

福建省建筑设计研究院：

来函收悉。经我组研究，现将来函所提及问题答复如下：

地下汽车库每个防火分区的疏散出口不应少于2个。由于地下汽车库的防火分区面积、疏散距离等指标均比《建筑设计防火规范》相应指标要大，因此为确保人员疏散安全，地下汽车库不得将通向相邻防火分区的甲级防火门作为第二安全出口，但跨越在相邻两个防火分区界上的疏散楼梯间在疏散距离满足、消防设施完备并在两个防火分区分别设置疏散门时，可以作为此两个防火分区的共用楼梯间。

此函。

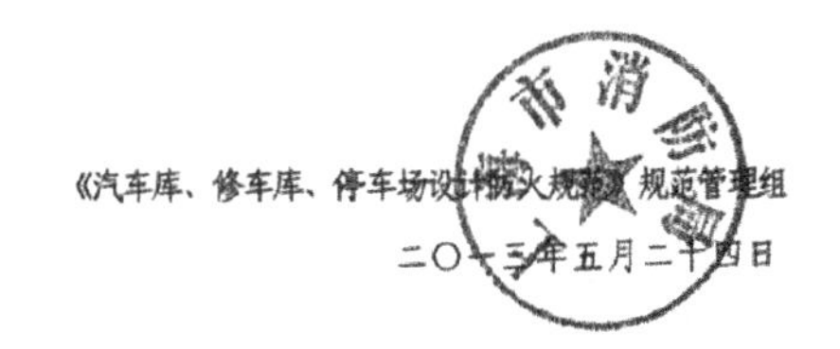

《汽车库、修车库、停车场设计防火规范》规范管理组

二〇一三年五月二十四日

汽车库规范，对人员疏散的要求是，除住宅地下部分外，既不能共用，也不能借用。

案例描述：

依据“关于答复福建省建筑设计研究院关于地下停车库相关问题的函”，地下停车库不同防火分区共用了疏散楼梯间。

分析及解决：

此函件发布于《汽车库、修车库、停车场设计防火规范》GB 50067—2014实施之前，在《汽车库、修车库、停车场设计防火规范》GB 50067—2014实施之后失去法律效力。

相关规范：

《汽车库、修车库、停车场设计防火规范》GB 50067—2014第6.0.2条：除室内无车道且无人员停留的机械式汽车库外，汽车库、修车库内每个防火分区的人员安全出口不应少于2个，Ⅳ类汽车库和Ⅲ、Ⅳ类修车库可设置1个。

90. 地下车库疏散距离 60m 如何控制

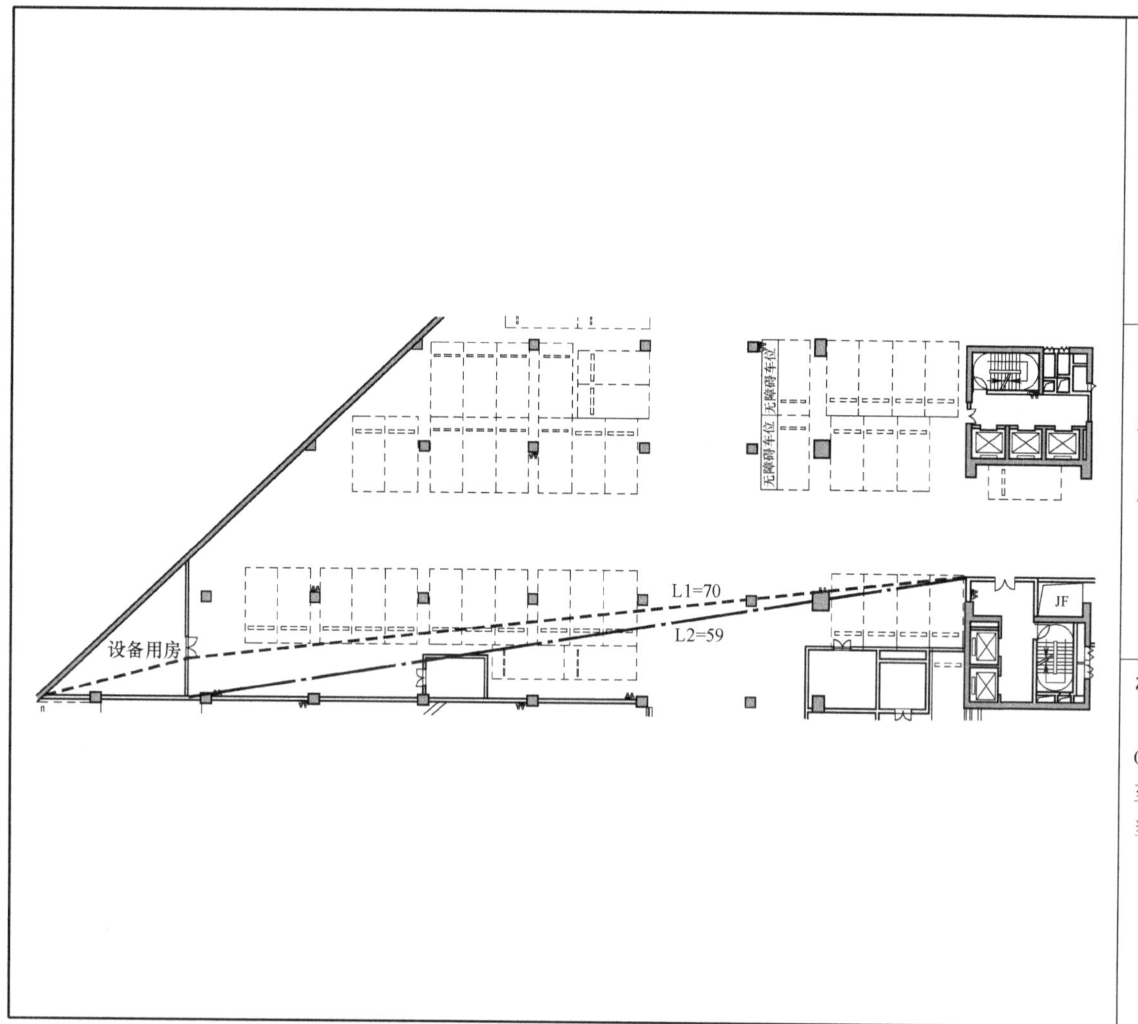

案例描述：

地下车库的最远点疏散距离计算时未考虑设备用房。

分析及解决：

1. 增加疏散楼梯，确保设备用房内最远点到新增加的疏散楼梯的距离不大于 60m。

2. 车库疏散 60m 可以画圈，不避开车库，但应考虑墙体及机械车位的影响。

相关规范：

《汽车库、修车库、停车场设计防火规范》GB 50067—2014 第 6.0.6 条：汽车库内任一点至最近人员安全出口的疏散距离不应大于 45m，当设置自动灭火系统时，其距离不应大于 60m。

91. 地下车库每个防火分区最多能借用几个住宅地下室的疏散楼梯进行疏散

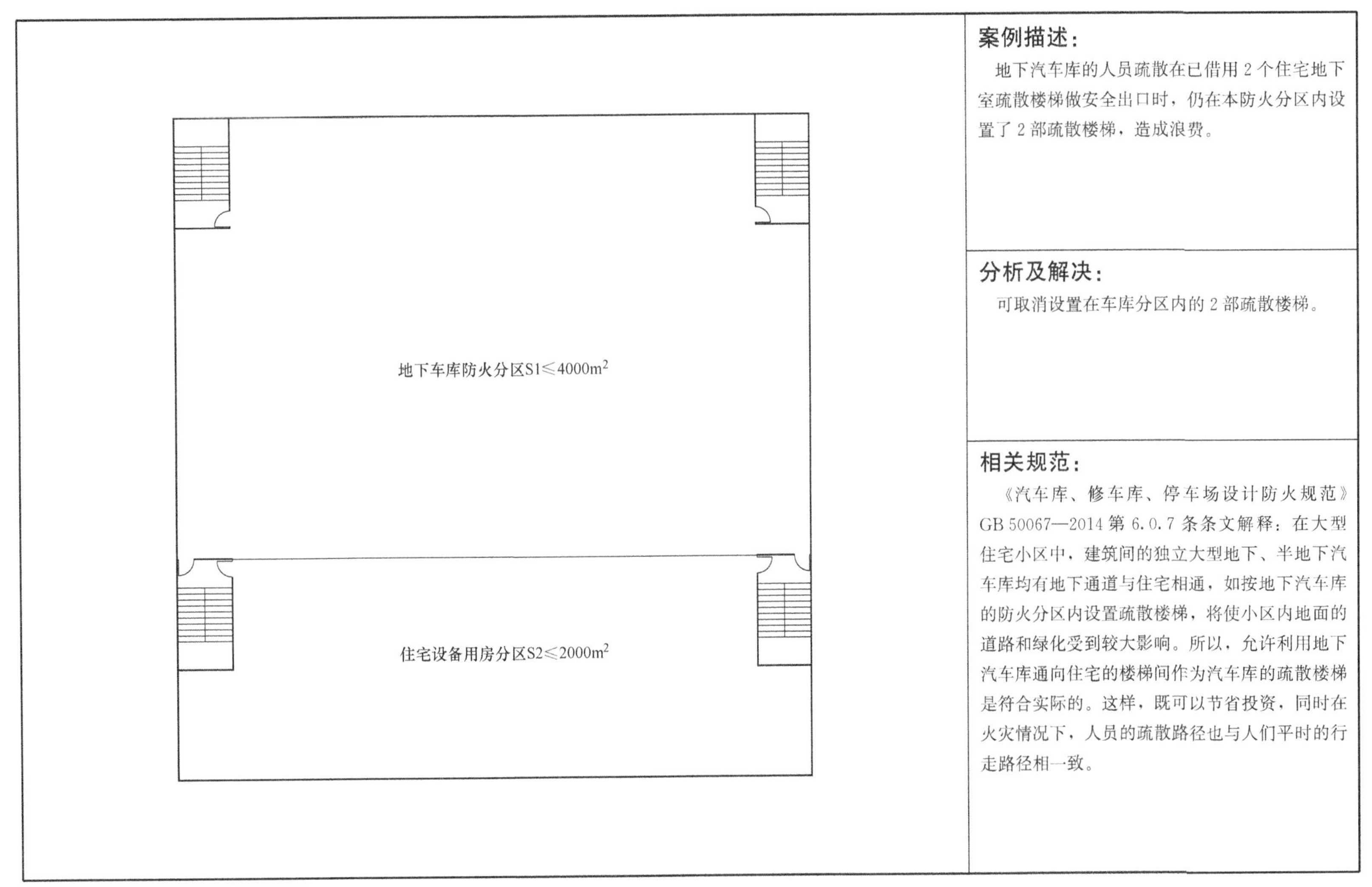

案例描述：

地下汽车库的人员疏散在已借用 2 个住宅地下室疏散楼梯做安全出口时，仍在本防火分区内设置了 2 部疏散楼梯，造成浪费。

分析及解决：

可取消设置在车库分区内的 2 部疏散楼梯。

相关规范：

《汽车库、修车库、停车场设计防火规范》GB 50067—2014 第 6.0.7 条条文解释：在大型住宅小区中，建筑间的独立大型地下、半地下汽车库均有地下通道与住宅相通，如按地下汽车库的防火分区内设置疏散楼梯，将使小区内地面的道路和绿化受到较大影响。所以，允许利用地下汽车库通向住宅的楼梯间作为汽车库的疏散楼梯是符合实际的。这样，既可以节省投资，同时在火灾情况下，人员的疏散路径也与人们平时的行走路径相一致。

92. 地下汽车库是否可借用酒店分区进行疏散

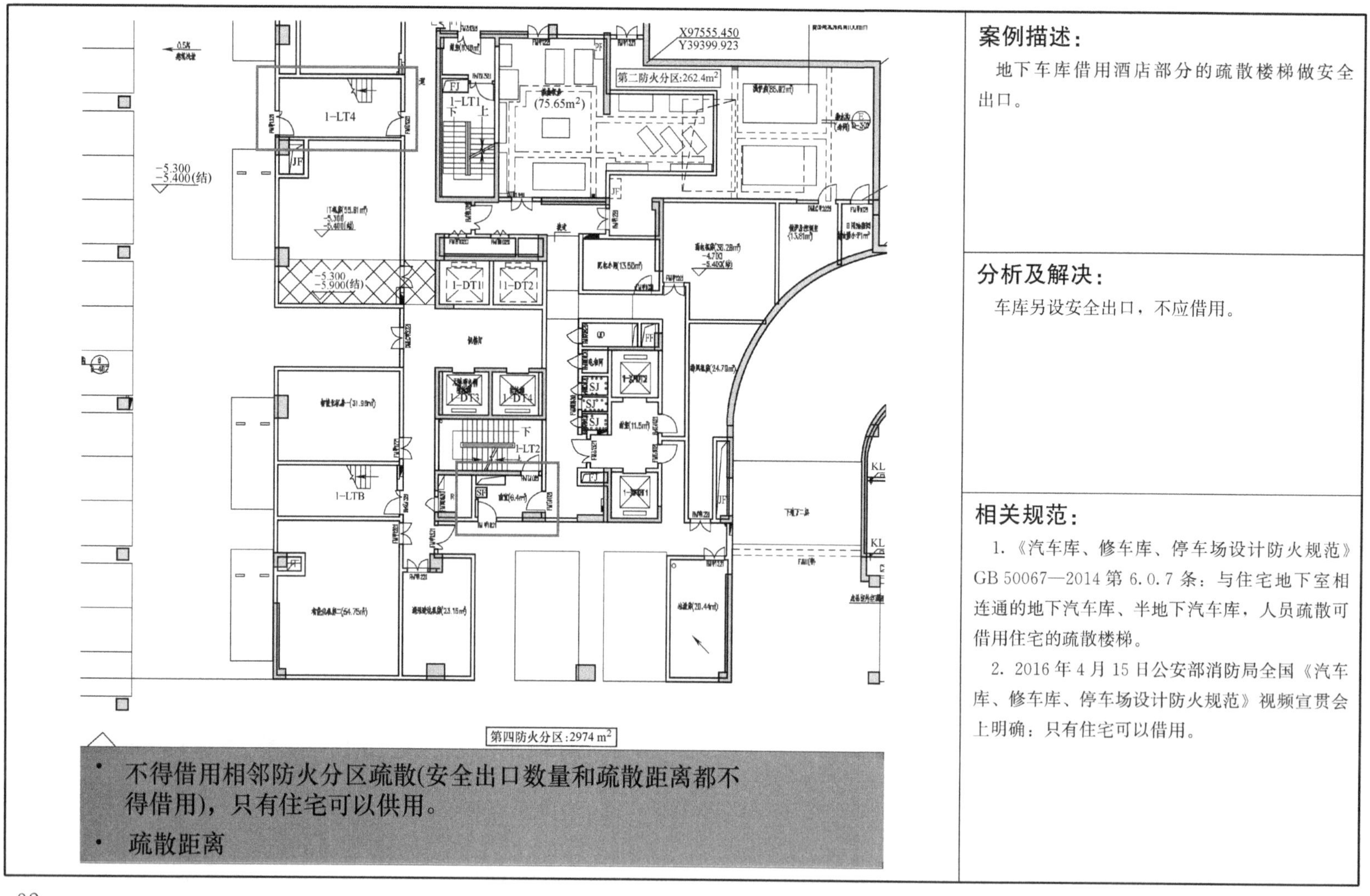

案例描述：

地下车库借用酒店部分的疏散楼梯做安全出口。

分析及解决：

车库另设安全出口，不应借用。

相关规范：

1.《汽车库、修车库、停车场设计防火规范》GB 50067—2014 第 6.0.7 条：与住宅地下室相连通的地下汽车库、半地下汽车库，人员疏散可借用住宅的疏散楼梯。

2. 2016 年 4 月 15 日公安部消防局全国《汽车库、修车库、停车场设计防火规范》视频宣贯会上明确：只有住宅可以借用。

93. 地下车库的 2 个汽车疏散口是否可设置在同一防火分区内

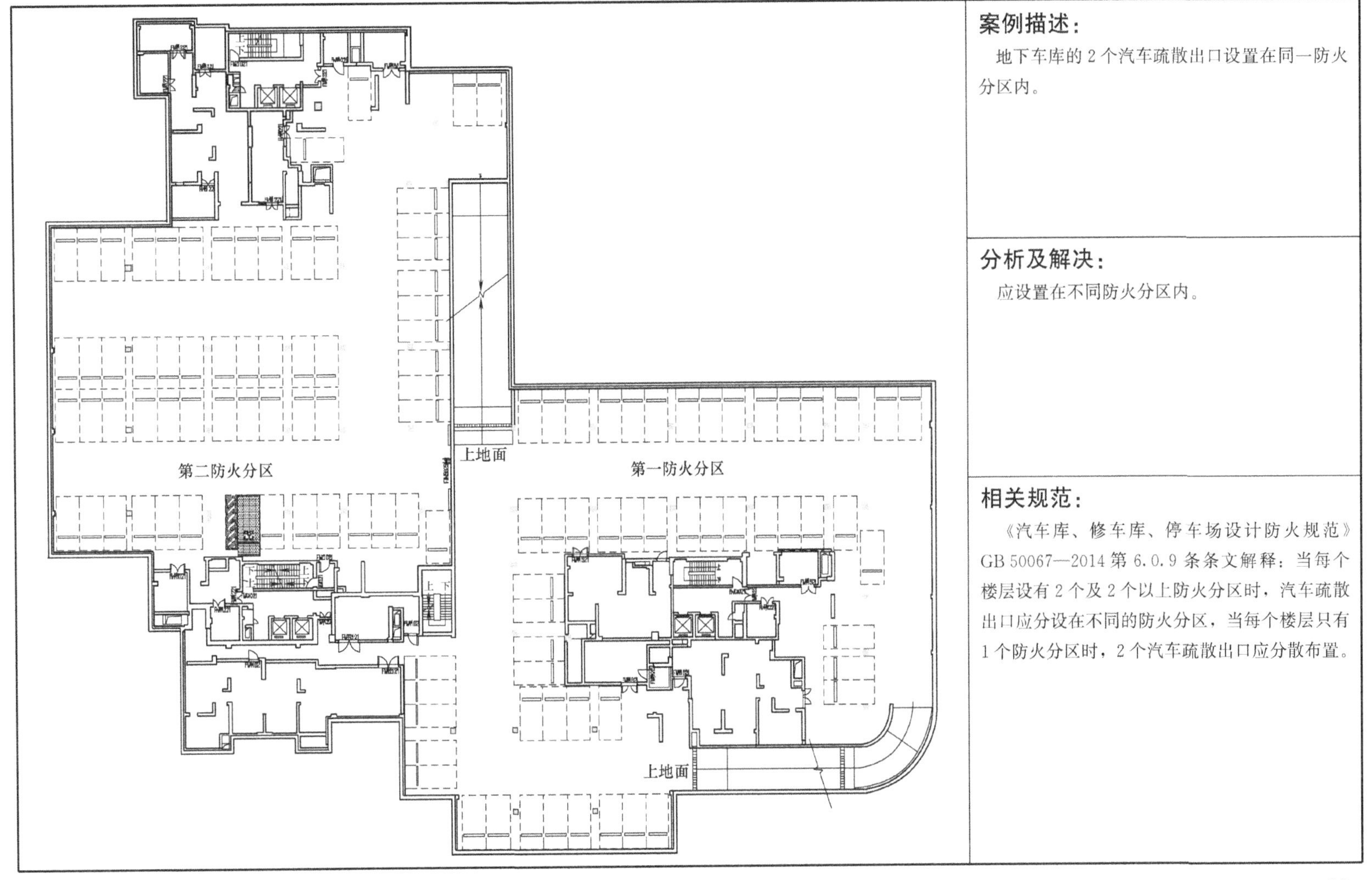

案例描述：

地下车库的 2 个汽车疏散出口设置在同一防火分区内。

分析及解决：

应设置在不同防火分区内。

相关规范：

《汽车库、修车库、停车场设计防火规范》GB 50067—2014 第 6.0.9 条条文解释：当每个楼层设有 2 个及 2 个以上防火分区时，汽车疏散出口应分设在不同的防火分区，当每个楼层只有 1 个防火分区时，2 个汽车疏散出口应分散布置。

94. 地下车库面积与汽车疏散口的关系

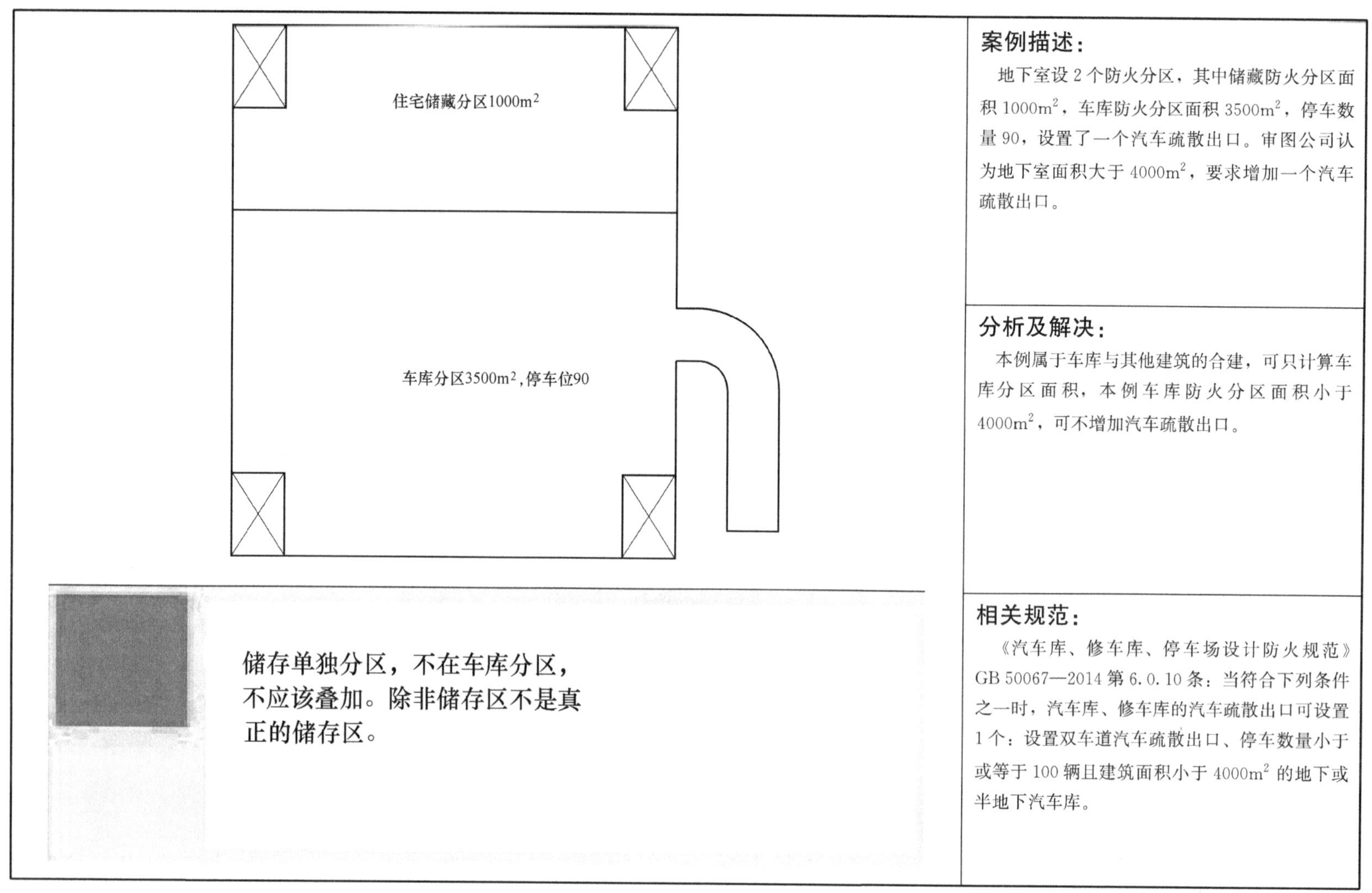

案例描述：

地下室设 2 个防火分区，其中储藏防火分区面积 $1000m^2$，车库防火分区面积 $3500m^2$，停车数量 90，设置了一个汽车疏散出口。审图公司认为地下室面积大于 $4000m^2$，要求增加一个汽车疏散出口。

分析及解决：

本例属于车库与其他建筑的合建，可只计算车库分区面积，本例车库防火分区面积小于 $4000m^2$，可不增加汽车疏散出口。

相关规范：

《汽车库、修车库、停车场设计防火规范》GB 50067—2014 第 6.0.10 条：当符合下列条件之一时，汽车库、修车库的汽车疏散出口可设置 1 个：设置双车道汽车疏散出口、停车数量小于或等于 100 辆且建筑面积小于 $4000m^2$ 的地下或半地下汽车库。

95. 独立楼梯间与共用楼梯间的区别

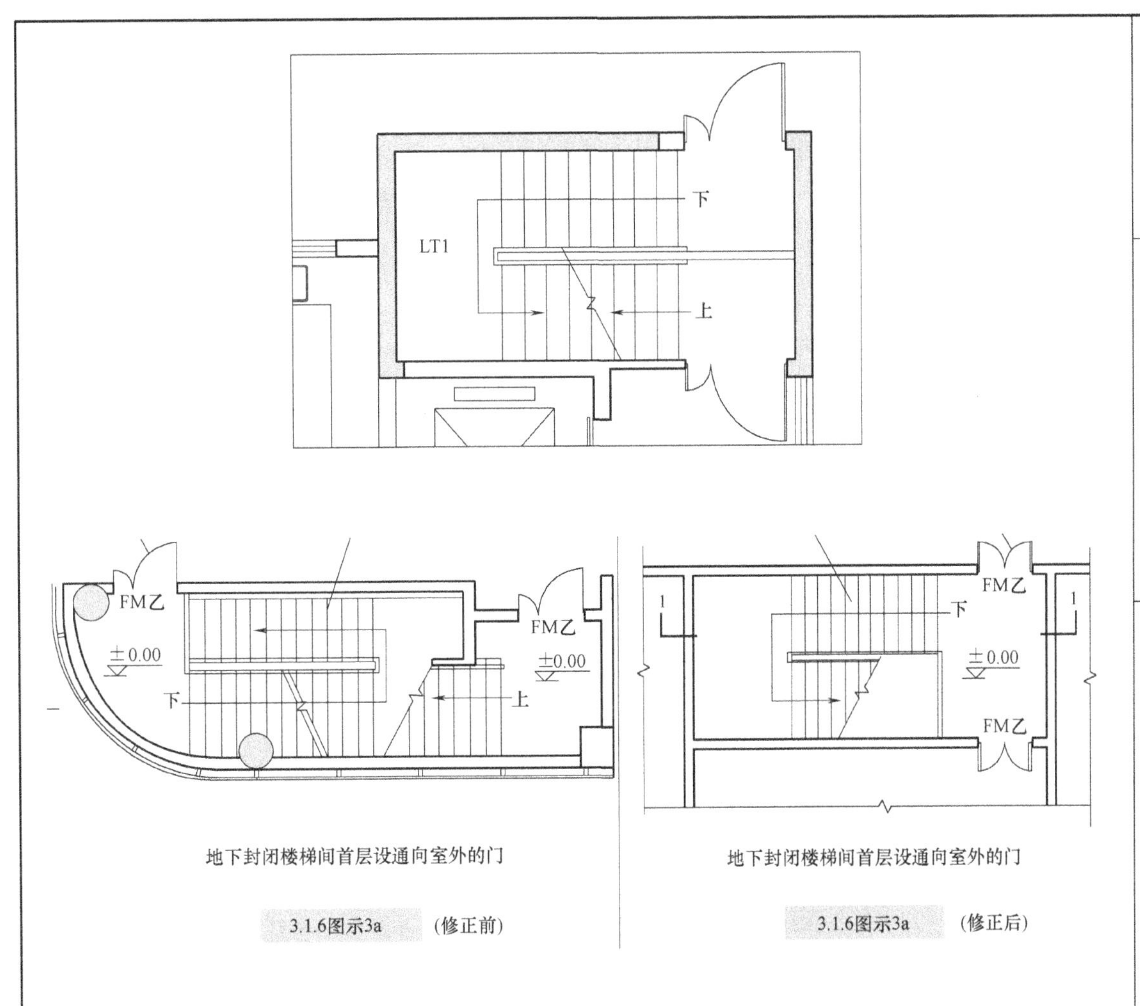

地下封闭楼梯间首层设通向室外的门

3.1.6图示3a (修正前)

地下封闭楼梯间首层设通向室外的门

3.1.6图示3a (修正后)

案例描述:

某住宅建筑设1层地下室，地下楼梯与地上楼梯共用楼梯间，在首层设置防火隔墙分隔，利用直通室外的门自然通风防烟。

分析及解决:

1. 因为地下楼梯与地上楼梯共用了楼梯间，所以不能利用直通室外的疏散门自然通风防烟，应设置机械加压送风系统。

2. 地上、地下楼梯共用楼梯间与地下楼梯是否开门在地上楼梯间内无关，仅与是否在同一竖向楼梯空间内有关。

3.《建筑防烟排烟系统技术标准》原图示有误，后已进行修正。

相关规范:

1.《建筑防烟排烟系统技术标准》GB 51251—2017 第 3.1.6 条：当地下、半地下建筑（室）的封闭楼梯间不与地上楼梯间共用且地下仅为一层时，可不设置机械加压送风系统，但首层应设置有效面积不小于 1.2m² 的可开启外窗或直通室外的疏散门。

2.《民用建筑设计术语标准》GB/T 50504—2009 第 2.5.17 条楼梯间：设置楼梯的专用空间。

96. 剪刀楼梯间每层只设一个外窗时如何满足自然通风开启的面积要求

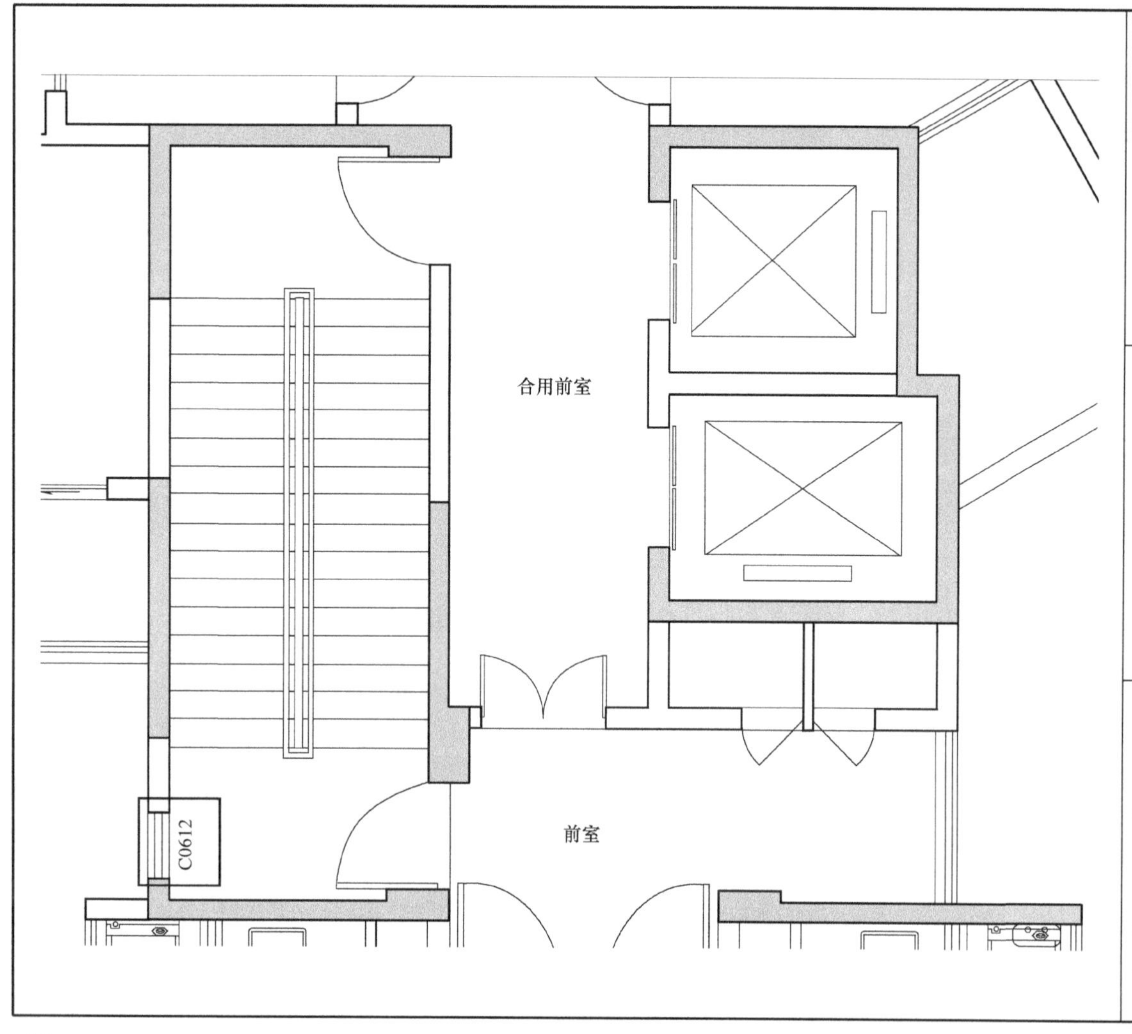

案例描述：

一类高层住宅采用剪刀梯做安全出口时，楼梯间及其前室、合用前室均采用自然通风方式防烟，剪刀梯靠外墙每层设置窗 C0612，5 层开启面积之和：$0.6\times1.2\times5=3.6>2m^2$（本例不考虑前室穿套）。

分析及解决：

1. 剪刀楼梯属于两部疏散楼梯在同一空间内的叠加组合布置（假设分别为 A 楼梯和 B 楼梯），因此 5 层窗 C0612 需满足 3 层 A 楼梯＋2 层 B 楼梯或 2 层 A 楼梯＋3 层 B 楼梯中最不利开窗情况，即 2 层开启面积之和不小于 $2m^2$。
2. 加大外窗尺寸，如 C1012。

相关规范：

《建筑防烟排烟系统技术标准》GB 51251—2017 第 3.2.1 条：采用自然通风方式的封闭楼梯间、防烟楼梯间，应在最高部位设置面积不小于 $1.0m^2$ 的可开启外窗或开口；当建筑高度大于 10m 时，尚应在楼梯间的外墙上每 5 层内设置总面积不小于 $2.0m^2$ 的可开启外窗或开口，且布置间隔不大于 3 层。

97. 靠外墙设置的剪刀楼梯间采用机械通风防烟时是否需要设置外窗

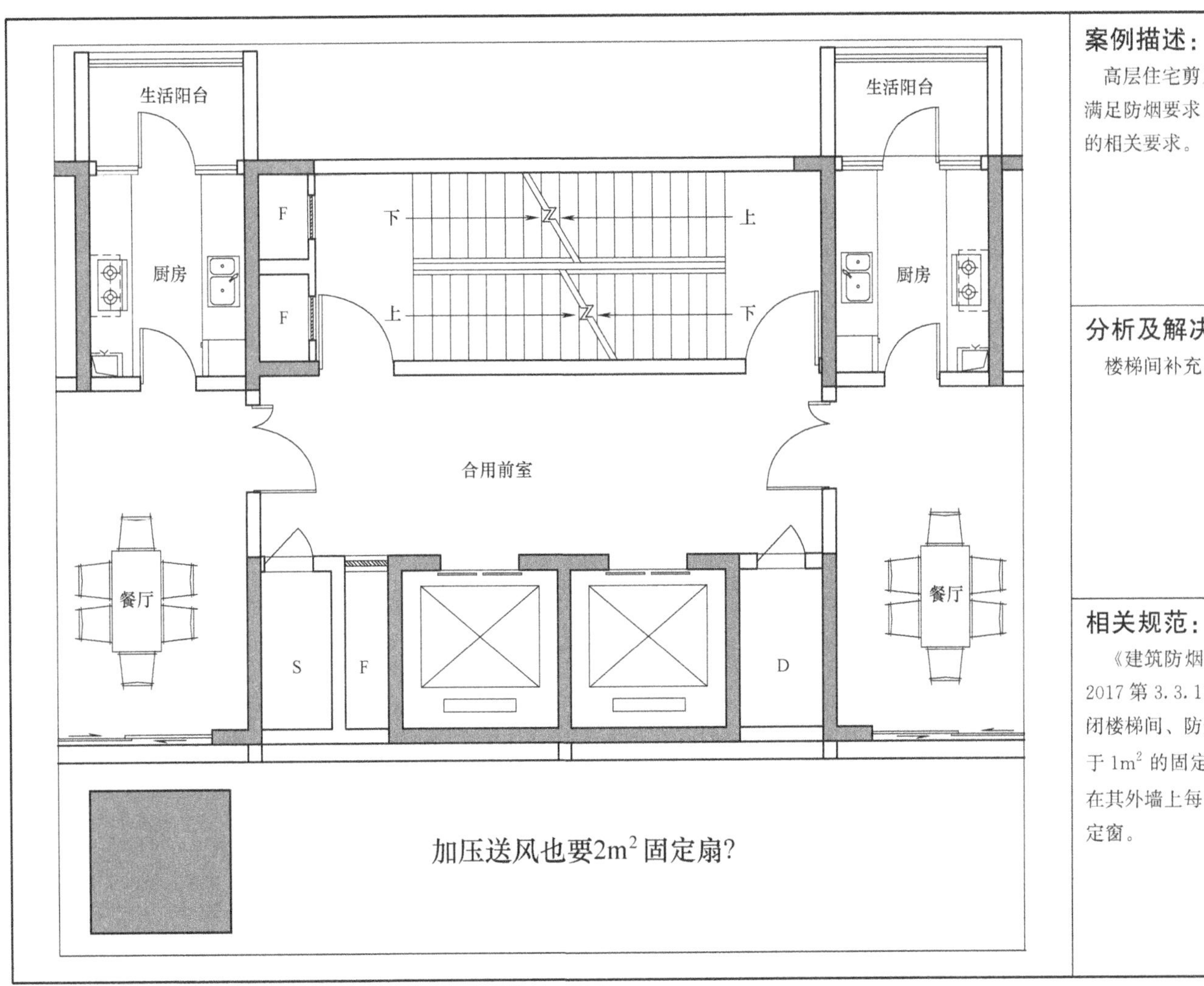

案例描述：

高层住宅剪刀楼梯分别设置了正压送风系统，满足防烟要求，但忽略了靠外墙时应设置固定窗的相关要求。

分析及解决：

楼梯间补充固定窗。

相关规范：

《建筑防烟排烟系统技术标准》GB 51251—2017 第 3.3.11 条：设置机械加压送风系统的封闭楼梯间、防烟楼梯间，尚应在其顶部设置不小于 $1m^2$ 的固定窗。靠外墙的防烟楼梯间，尚应在其外墙上每 5 层内设置总面积不小于 $2m^2$ 的固定窗。

98. 楼梯间是否可以采用木扶手做装修材料

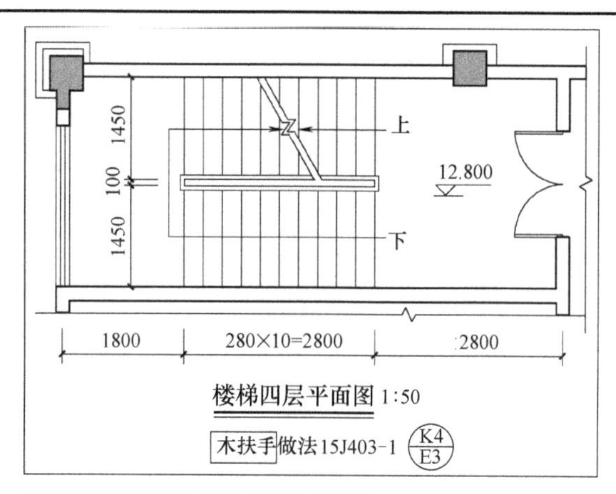

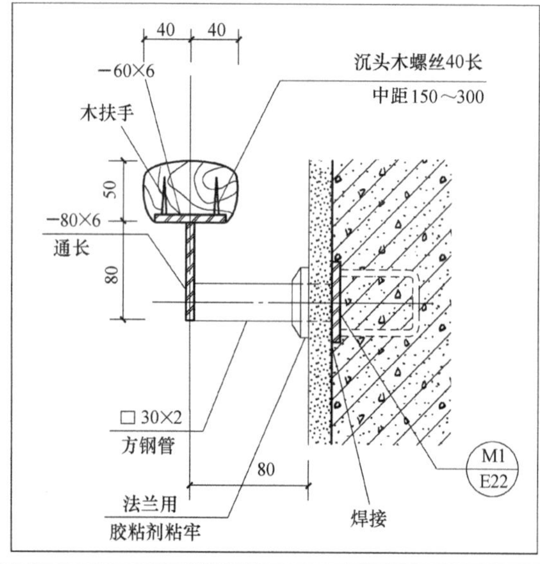

案例描述：

楼梯间构造做法选用了国标图集的木扶手，部分设计师认为木制品燃性性能等级达不到A级，不能用于楼梯间。

分析及解决：

装修材料共分为七类，楼梯扶手属于其他装饰装修材料，而楼梯仅要求顶棚、墙面、地面这3类采用A级装修材料，木扶手不在要求之列，因此可采用木扶手。

相关规范：

1.《建筑内部装修设计防火规范》GB 50222—2017第3.0.1条：装修材料按其使用部位和功能，可划分为顶棚装修材料、墙面装修材料、地面装修材料、隔断装修材料、固定家具、装饰织物、其他装修装饰材料七类。本条注：其他装修装饰材料系指楼梯扶手、挂镜线、踢脚板、窗帘盒、暖气罩等。

2.《建筑内部装修设计防火规范》GB 50222—2017第4.0.5条：疏散楼梯间和前室的顶棚、墙面和地面均应采用A级装修材料。

99. 商业建筑地上、地下的疏散楼梯在首层共用门厅时净宽度如何控制

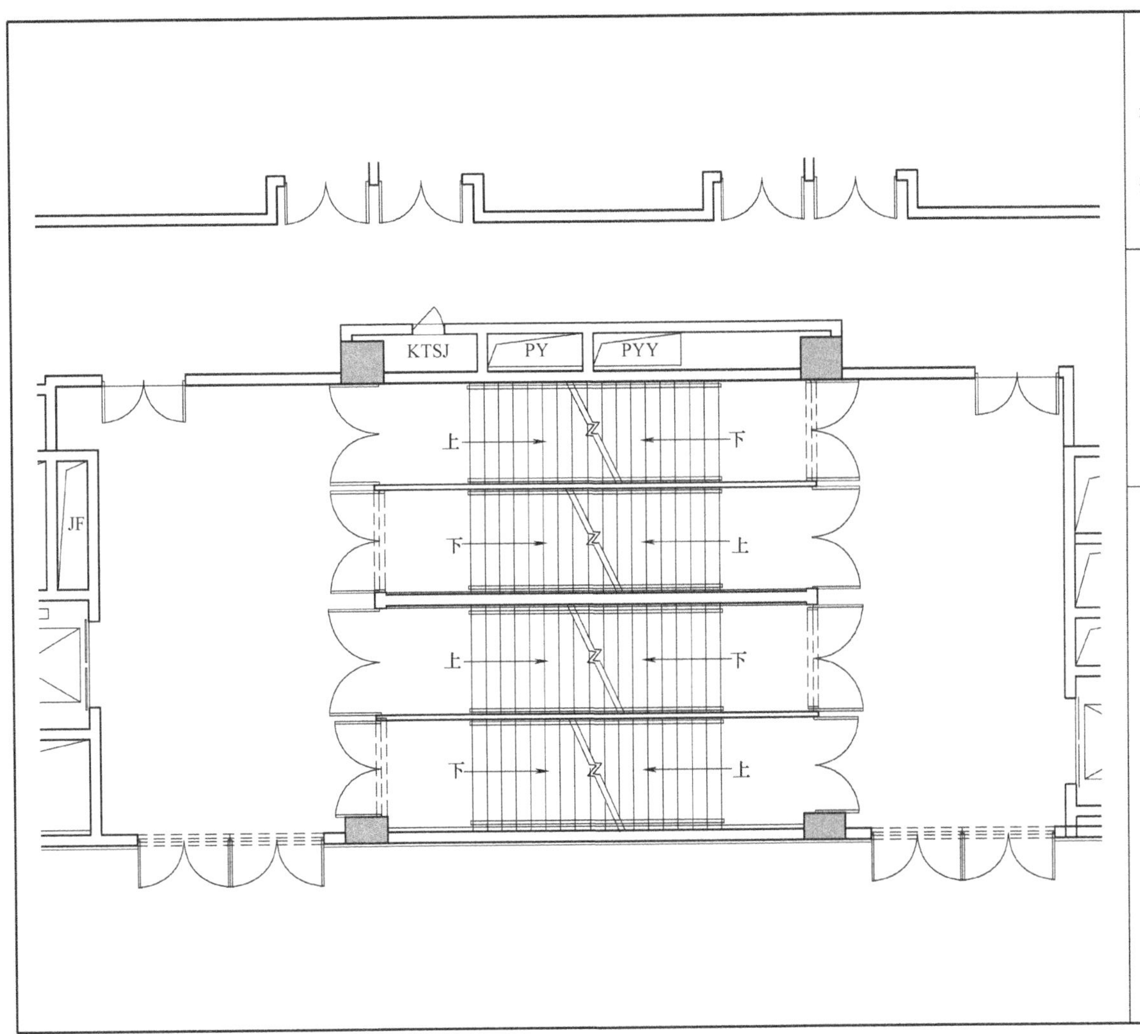

案例描述：

建筑的地上、地下均为商场时，地上、地下的楼梯间在首层共用了门厅。门厅宽度及直接对外的门的宽度未考虑地上、地下疏散楼梯的叠加效应。

分析及解决：

建筑发生火灾时由于各楼层同时报警，各层人员同时疏散，−1层的人员与2层的人员理论上同时到达1层共用门厅，因此门厅宽度及直接对外的门的宽度应考虑叠加效应。

相关规范：

1.《火灾自动报警系统设计规范》GB 50116—2013第4.8.1条：火灾自动报警系统应设置火灾声光警报器，并应在确认火灾后启动建筑内的所有火灾声光警报器。

2.《民用建筑设计统一标准》GB 50352—2019第6.1.3条：多功能用途的公共建筑中，各种场所有可能同时使用同一出口时，在水平方向应按各部分使用人数叠加计算安全疏散出口和疏散楼梯的宽度；在垂直方向，地上建筑应按楼层使用人数最多一层计算以下楼层安全疏散楼梯的宽度，地下建筑应按楼层使用人数最多一层计算以上楼层安全疏散楼梯的宽度——原《民用建筑设计通则》第3.7.2条（已作废）。

100. 人员密集场所从属关系一览表

各类场所从属关系一览表

<table>
<tr><td rowspan="4">人员密集场所</td><td colspan="4">包括医院的门诊楼、病房楼，学校的教学楼、图书馆、食堂和集体宿舍，养老院，福利院，托儿所，幼儿园，公共图书馆的阅览室，公共展览馆、博物馆的展示厅，劳动密集型企业的生产加工车间和员工集体宿舍，旅游、宗教活动场所以及公众聚集场所等。</td></tr>
<tr><td rowspan="3">公众聚集场所</td><td colspan="3">包括宾馆、饭店、商场、集贸市场、客运车站候车室、客运码头候船厅、民用机场航站楼、体育场馆、会堂以及公共娱乐场所等。</td></tr>
<tr><td rowspan="2">公共娱乐场所</td><td colspan="2">包括具有文化娱乐、健身休闲功能并向公众开放的室内场所，包括影剧院、录像厅、礼堂等演出、放映场所，舞厅、卡拉 OK 厅等歌舞娱乐场所，具有娱乐功能的夜总会、音乐茶座和餐饮场所，游艺、游乐场所，保龄球馆、旱冰场、桑拿浴室等营业性健身、休闲场所。注：公共娱乐场所包括歌舞娱乐放映游艺场所。</td></tr>
<tr><td>歌舞娱乐放映游艺场所</td><td>根据《建规》5.4.9 条文解释，歌舞娱乐放映游艺场所为歌厅、舞厅、录像厅、夜总会、卡拉 OK 厅和具有卡拉 OK 功能的餐厅或包房、各类游艺厅、桑拿浴室的休息室和具有桑拿服务功能的客房、网吧等场所，包括足疗店，不包括电影院和剧场的观众厅。注：根据《建筑设计防火规范》国家标准管理组回复(建规字[2019]1 号)；足疗店消防设计应按歌舞娱乐放映游艺场所处理。</td></tr>
</table>

案例描述：

人员密集场所从属关系一览表。

分析及解决：

可根据项目具体类型查找从属关系。

相关规范：

建规字［2019］1 号。